과학과 역사로 풀어본

# 진 짜
# 식 품
# 이야기

**과학과 역사로 풀어본**
# 진짜 식품이야기

ⓒ 하상도 · 김태민, 2018

초판 1쇄 발행 2018년 1월 19일

| | |
|---|---|
| 지은이 | 하상도 · 김태민 |
| 펴낸이 | 이기봉 |
| 편집 | 좋은땅 편집팀 |
| 펴낸곳 | 도서출판 좋은땅 |
| 주소 | 경기도 고양시 덕양구 통일로 140 B동 442호(동산동, 삼송테크노밸리) |
| 전화 | 02)374-8616~7 |
| 팩스 | 02)374-8614 |
| 이메일 | so20s@naver.com |
| 홈페이지 | www.g-world.co.kr |

ISBN 979-11-6222-235-5 (03590)

이 책은 〈오뚜기재단〉의 학술도서 연구비의 지원을 받아 발간되었습니다.

이 도서의 국립중앙도서관 출판시 도서목록(CIP)은 서지정보유통지원시스템 홈페이지(http://seoji.nl.go.kr)와 국가자료공동목록시스템(http://www.nl.go.kr/kolisnet)에서 이용하실 수 있습니다. (CIP제어번호 : CIP2018000608)

과학과 역사로 풀어본

# 진 짜
# 식 품
# 이야기

하상도 · 김태민 지음

좋은땅

# 하상도·김태민의
## "과학과 역사로 풀어본 진짜 식품이야기"

　지금까지 나왔던 식품이야기들이 가짜라는 것은 아니다. 저자 하상도·김태민은 남들보다 더 진솔하게, 글깨나 쓰고 방송에서 인터뷰 좀 하는 선수들조차 좀처럼 입에 담기 어려운 주제를 꺼내 솔직하게 썼다.

　많은 사람들은 비만, 고혈압, 고지혈증 등 건강을 잃은 원인을 음식 탓으로 돌린다. 설탕, 소금, 지방의 탓으로 돌리고 심지어는 잡곡과 밀가루도 독(毒)이라 하는 사람도 많다. 편식이나, 과식, 운동부족 등 나쁜 습관을 갖고 있으면서 말이다. 게다가 천연(天然)은 좋고 정제(精製)는 나쁘게, 첨가물이나 자연스럽지 않은 가공된 흔적이라도 보이면 모두 독(毒)으로 치부한다. 무슨 음식은 어디에 나쁘다 등등 시중에 떠도는 죄 없이 누명 쓴 많은 음식들의 오해를 꼭 바로 잡고 싶다.

　그리고 무얼 먹으면 어디에 좋다는 약식동원(藥食同原)! 음식으로 모든 건강 문제를 해결할 수 있다고 믿는 중생들의 무지를 이용해 이익을 보려는 사람들은 식품과 음식을 전지전능한 구세주의 경지로 올려놓고 있다. 음식에 너무나 많은 기대를 걸고 있는 것이 문제다.

　사람이 먹는 모든 식품은 좋은 면과 나쁜 면 양면을 갖고 있다. 원래부터 타고난 나쁜 음식, 정크푸드는 없다. 음식의 나쁜 면만 보고 문제 삼으면 모든 식품이 정크푸드가 된다. 적게 먹어도 영양부족으로 위험하고, 많이 먹어도 독(毒)이 되기 때문이다.

　우리 사회에 만연해 있는 음식에 씌워진 잘못된 편견과 오해를 바로잡고자 한다. 이 책은 과학적 증거에 기반해 우리의 음식문화와 식재료의 기원과 역사를 소개했다. 특히 물, 설탕, 소금, 지방, 쌀, 밀가루, 계란, 우유, 육류 등 20가지 주 식재료와 라면, 술, 햄·소시지, 초콜릿, 아이스크림, 마요네즈, 토마토케첩, 젓갈, 장류 등 22가지 대표 가공식품의 기원과 안전성 논란, 사건사고 및 소송사례들을 흥미롭게 소개했다.

　이 책은 식품 전공자나 산업계 종사자들이 알면 알수록 쓸모가 많은 내용이다. 소비자 또한 이 책에 담긴 과학과 음식의 역사를 접함으로써 식품에 대한 흥미와 가치를 깨닫고 식품과 음식산업에 대한 존중과 이해를 이끌어 보고 싶다.

2017.12.15.

저자 하상도·김태민 드림

인간은 음식을 먹는 것보다 음식을 먹으며 음식 이야기를 하는 것을 더 즐긴다. 조금 전 식탁에서 식구와, 친구와, 직장 동료와 무슨 이야기를 나누었는지 떠올려보라. 삼겹살을 먹으며 광어회에 대해 떠들고 햄버거를 먹으며 양꼬치 이야기를 하였을 것이다. 받아든 음식은 이미 받았으니 거기에 대해 굳이 말하지 않아도 되는 것이고, 이전에 먹었거나 앞으로 먹을 음식에 대해 수다를 떨게 되어 있다. 입안으로 들어오는 실재의 쾌락에 말로 하는 상상의 쾌락을 더하는 방식으로 식탁의 즐거움을 극대화하는 것이다. 그러니 식탁에서는 음식 이야기를 많이 알고 잘하는 사람이 주도권을 쥐게 되어 있다.

하상도 교수와 김태민 변호사는 내 식탁 친구이다. 밥을 자주 같이 먹는다. 기억을 더듬어보면 어디서 뭘 먹었는지는 생각나지 않는다. 음식에 대해 열심히 떠들었던 기억만 가득하다. 한 분은 식품공학 전공 교수이고 한 분은 식품사건 전문 변호사이니 말의 만찬이 펼쳐지는 것이다. 이 책이 그런 책이다. 하 교수가 식품의 역사에 대해 말을 던지면 이어 김 변호사가 그와 관련한 우리 주변에서 발생하는 식품 사건을 덧붙인다. 여기에 내가 끼여들어야 하는데, 이번 책에서는 이렇게 추천사만 쓰는 것으로 만족해야 하는 아쉬움이 있다. 독자들은 맛칼럼니스트 황교익의 입장에서 이 둘이 펼치는 말의 만찬을 즐길 수 있는 기회를 잡은 것일 수도 있다. 이 책을 읽고 나면 식탁에서의 주도권을 확실히 잡을 수 있을 것이다. 수요미식회의 나처럼.

-맛칼럼니스트 '놀자' 황교익-

# CONTENTS

# 3. 식재료

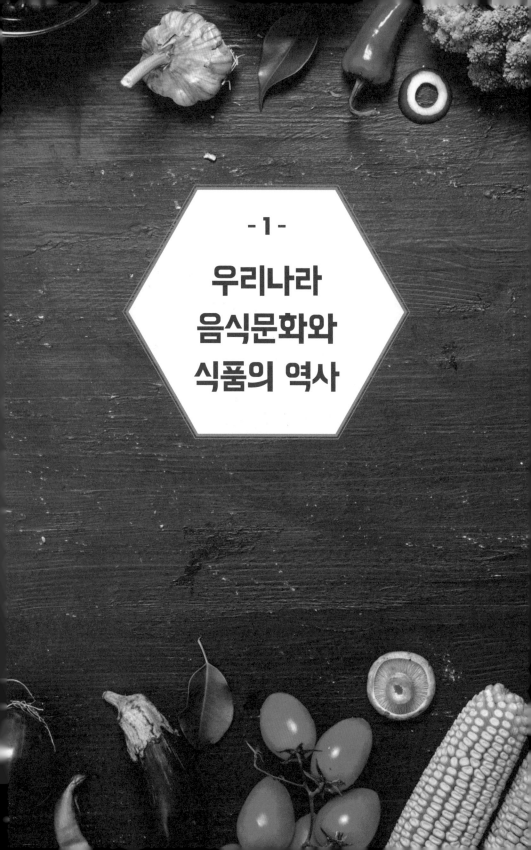

- 1 -

# 우리나라
# 음식문화와
# 식품의 역사

# 1) 음식문화

구석기시대 사람들은 동굴에 살면서 돌도끼와 돌칼을 만들고 사냥해서 음식을 먹었다. 기원전 5000년경 한반도에 빗살무늬토기가 전래하면서 신석기 문화를 이뤘는데, 농기구와 함께 피나 조 같은 곡물이 출토된 것으로 미뤄 농경이 발달한 것으로 보인다. 낚싯바늘, 작살, 그물추로 물고기나 조개를 어획했으며 개, 돼지, 물소 뼈가 발굴돼 목축생활도 했다고 본다.

신석기인들의 움집에는 화덕 터와 저장 굴이 남아 있어 불을 활용해 음식을 조리해 먹었고 토기로 삶아 먹기 시작했다. 이후 청동기를 가진 북방 유목민이 고조선을 세워 농기구를 만들어 농경을 크게 발달시켰으며, 이어진 철기시대에도 철제 농기구가 널리 퍼져 농업이 더욱 발달했다. 조개무지와 고분벽화에서 시루가 출토된 것으로 미루어 벼를 재배해 밥과 떡을 만들어 먹었고 술 빚는 기술이 있었다고 추측된다.

삼국시대에는 소를 활용해 땅을 갈았으며 물을 이용해 농산물 생산량이 급증했다. 소, 돼지, 닭, 염소, 오리 등 가축을 길렀고 계란을 먹었으며, 백제인이 일본 천왕에게 우유를 바친 기록도 남아 있다. 3~4세기에는 조선기술이 발달해 큰 배로 먼 바다까지 나갈 수 있어 다양한 물고기와 해초류를 먹기 시작했다.

고려시대에는 주식으로 쌀을 먹었지만 산간 지역에는 밭이 많아 참깨, 보리, 밀, 멥쌀이 경작돼 잡곡밥이 더 일반적이었다. 국수, 떡, 약과, 다식 등을 즐겼으며, 간장, 된장, 술, 김치 등 발효식품도 즐겼다. 이어 시장이 생기고 화폐를 활용한 식품의 상거래가 이뤄지기 시작했다. 개성에는 주점(酒店)이 생기고, 외국과의 교류가 빈번해지면서 객관(客館)도 생겨났다. 절에서는 술, 차(茶), 국수를 만들고 소금, 기름, 꿀 등도 팔았다고 한다.

식품의 원재료와 조미료가 다양해지기 시작했고 장아찌와 같이 소금과 식초를 이용한 저장기술도 선보이게 되면서 명실상부한 '한국 음식의 완성기'가 열리게 됐다.

조선시대 초기에는 권농정책으로 토지제도를 정비하고 영농기술 개발을 위해『농사직설(農事直說)』,『농사집성(農事集成)』등의 농서를 펴냈다. 모내기가 보급돼 보리와 벼를 이모작했고 원예작물의 재배에도 힘썼다고 한다. 분청사기, 청화백자, 옹기, 유기 등이 보급돼 편리한 식기문화가 형성됐고, 임진왜란 전후로 남방에서 고추, 감자, 고구마, 호박, 옥수수, 땅콩 등이 들어왔으며, 개고기와 육회, 생선회를 먹는 풍습이 있었다.

조선시대는 철저한 계급사회라 식생활의 양극화가 더욱 심해 신분과 형편에 따라 3첩에서 12첩의 반상 차림을 갖추게 됐다. 인구가 늘어나면서 음식과 그릇을 전문화한 난전이 곳곳에 생겼는데 싸전, 잡곡전, 생선전, 유기전, 염전, 시저(匙箸)전, 과일전, 닭전, 육전, 좌반전, 젓갈전, 꿩전 등 음식을 거래하는 시장이 다양했었다.

조선시대 궁중에서는 전국에서 진상한 다양하고 귀한 재료와 고도의 조리기술을 지닌 주방 상궁들의 솜씨 덕분에 조선시대 말기를 '한국 음식의 절정기'라 부른다. 1900년대에 접어들어 조선왕조가 망해 궁중음식 요리사들이 고급 요정을 차리면서 궁중음식이 대중화됐는데, 이것이 요즘 한식의 대명사인 '한정식'의 시작이라 볼 수 있다. 이런 음식의 역사 덕분에 우리나라가 전 세계에서 가장 다양하고도 풍요로운 한식인 'K-푸드'를 즐기게 된 것 아닌가 생각해 본다.

## 2) 가공식품

　가공식품은 세계 제1, 2차 대전(大戰)을 통해 기록적인 발전을 이뤘다. 전쟁 중에 장기 저장이 가능하고 조리 없이 간편하게 먹을 수 있는 급식을 대량으로 공급해야 했기 때문이다. 전쟁식량은 일반적으로 휴대와 섭취가 간편하고 저장성과 영양가도 높아야 하며 먹은 뒤 쉽게 버릴 수 있도록 포장돼 인스턴스식품의 비약적 발전으로 이어졌다. 이후 값싼 대체원료의 개발, 동결건조, 방사선 살균법, 진공포장 등 저장과 운송을 쉽게 하는 가공법들이 속속 개발되면서 다양하고 편리한 가공식품이 시장에 선보이게 되었다.

우리나라의 식품산업은 1900년대 초반까지만 해도 술, 떡, 엿 등 대부분 조잡하고 단순한 수공업의 시대였다. 근대적인 공업화의 싹을 틔우기 시작한 것은 일제강점기인 1920년대 전후인데, 우리나라는 일본 식품원료의 공급처이자 상품의 소비국으로 철저하게 이용당했다. 해방 이후 한국전쟁을 거치며 미국의 원조로 곡물도정, 수산물통조림, 제분, 제당, 양조 등 전쟁 군수품을 중심으로 산업화가 이뤄지면서 산업이 자리 잡았다고 봐야한다.

1930년대에는 모리나가(森永), 메이지(明治) 등 일본의 제과업체가 서울에 공장을 세우고 우리나라 식품공업을 주도했으나 역시 캐러멜과 사탕 만드는 게 고작이었다. 1933년 조선맥주와 소화기린맥주가 설립되면서부터 우리나라에 맥주가 도입됐고 1935년부터는 일본의 유업회사가 국내에 대규모 목장을 설립해 우유가 공급되기 시작했다.

해방 이후 1948년 12월 체결된 한미경제원조협정이 우리나라 식품공업의 태동에 결정적인 역할을 했다. 미국의 옥수수와 밀 식량원조가 남한의 제분공장을 활성화시켰고, 장류, 제과, 제빵업에 활기를 불어넣었다. 이와 더불어 마가린, 쇼트닝 등 유지가공품, 화학조미료, 수산물통조림, 우유가공품, 청량음료가 생산되기 시작했다.

그러나 1950년 6월 25일 발발한 한국전쟁은 이제 막 태동기에 접어든 우리나라의 산업기반을 처절하게 파괴했다. 휴전 이후 UN단체의 원조로 서구 식품이 우리의 전통 식생활에 유입되기 시작했으며, 소위 '3백(白)'이라 불리는 제분, 제당, 시멘트산업이 발전해 근대적 산업으로서의 면모를 갖추기 시작했다.

1960년대에는 경제개발5개년계획의 순조로운 진행과 월남파병, 중동건설 등으로 인해 식품공업 분야의 전반적인 약진이 있었다. 특히 쌀 부족에 따른 정부의 밀가루 분식장려시책으로 제과, 제빵, 제면산업이 급성장했고 장류공업도 발전했다. 정부의 축산진흥정책과 서구식 식생활로 유가공품과 유지가공품의 생산도 본격화됐다. 그러나 일부 몰지각한 식품제조업자들에 의한 저질, 불량식품의 생산이 식품공업의 위축을 가져와 이를 해결하기 위해 1962년에「식품위생법」이 제정됐다.

1970년대는 자립경제와 고도성장을 실현한 우리 경제의 대도약기였다. 통일벼의 개발로 쌀 자급을 이뤘고, 가공식품의 수출로 식품산업이 눈부시게 발전했다. 1970년대 후반 개방농정으로 해외 원료농산물의 수입이 보다 용이해졌고 고급화, 다양화를 추구하는 소비자의 기호에 따라 치즈, 마가린, 소시지, 햄, 통조림 등 육류가공품이 본격적으로 생산됐다. 또한 한 상 차림이 번거로운 전통식품 대신 편리하고 신속한 인스턴트 가공식품과 패스트푸드 선호 추세가 확산돼 갔다.

1980년대에 접어들어 86아시안게임과 88서울올림픽은 관광산업과 함께 식생활에 지대한 영향을 끼쳤다. 선수촌에 공급되는 가공식품의 품질향상과 함께 외국인 관광객들의 입맛을 사로잡기 위해 국내 식품산업의 수준이 크게 향상됐다. 특히, 주목받은 것은 뜨거운 물에 데워 즉석에서 먹는 레토르트식품의 출시였다.

그러나 우루과이라운드(UR) 협상으로 해외 농·수·축산물과 가공식품의 수입이 자유로워짐에 따라 국내 식품산업이 크게 위축됐다. 2000년대부터 가공식품의 급성장과 대형마트 중심의 유통체계가 구축됐고, 2002년에는「건강기능식품에 관한 법률」이 제정되면서 건강기능식품시장의 안전관리가 시작됐다.

미래 식품산업은 '편의성, 안전성, 기능성'으로 재편될 것이며, 외식과 간편식, 기능성식품, 다양한 포장재의 수요가 지속될 전망이다. 특히 아웃도어 식품의 개발과 노약자, 환자, 운동선수 등을 위한 특수용도식품의 개발이 활기를 띨 것으로 보인다. 향후 슈퍼푸드, 유기농, 알레르기, 식품첨가물, GMO(유전자재조합농산물), 영양성분 표시 확대, 방사능오염식품, 벤조피렌, 환경호르몬, 방사선조사, 나노식품, 동물복제, 외식산업, 푸드트럭, ICT융합 스마트패키징, 기후변화, 미세먼지 등이 계속 이슈화될 것으로 예상된다.

# 3) 외식산업

우리나라 외식산업은 1970년대 태동해서 86아시안게임, 88올림픽 등 대규모 국제행사를 계기로 급성장했으며, 1980년대 해외브랜드의 국내시장 진출로 국내 외식산업이 본격화됐다.

1980년대 외식시장을 주도한 중소규모의 패스트푸드업체는 1990년대 경기 침체와 더불어 구조조정을 거치게 되면서 기업형 패밀리 레스토랑과 단체급식 중심으로 재편됐다. 2000년대 이후에는 패밀리 레스토랑의 거대화, 다양한 브랜드화 등의 특징을 보이며 시장 확대가 지속되고 있다. 또한 급변하는 세계경제 속에서 해외브랜드의 국내 진출 또한 우리 외식산업 발전에 큰 몫을 하고 있다. 특히, 외식산업은 바쁜 생활에 쫓기는 현대인들에게 신속한 서비스로 신선하고 영양가 높은 음식을 제공한다는 점에서 많은 호응을 얻고 있어 유망한 미래 사업으로 여겨지고 있다.

외식산업이란 '일정한 장소에서 식음료와 유·무형적 서비스로 이루어진 상품을 특정인 또는 불특정 다수를 대상으로 상업적 또는 비상업적 목적으로 생산 및 판매활동을 하는 사업군'이라 정의된다. 「외식산업진흥법」에서는 '외식상품의 기획·개발·생산·유통·소비·수출·수입·가맹사업 및 이에 관련된 서비스를 행하는 산업과 그 밖에 대통령령으로 정하는 산업'으로 정의하고 있다. 가정이라는 공간을 벗어나 음식과 음료를 생산하고 제공하는 활동과 더불어 무엇보다 서비스를 중요하게 여기는 복합산업으로 외식산업을 '외식서비스산업'이라고도 부른다.

오늘날 외식산업의 역사는 1950~1960년대 미국에서 경제발전에 따른 식생활의 변화와 함께 '식품서비스산업(Foodservice industry)'이라는 용어가 정착하면서 부터이다. 일본은 1975년 매스컴에서 '외식산업(外食産業)'이라는 용어를 처음으로 사용하기 시작했다.

우리나라에서는 오래 전부터 음식의 생산 및 판매와 관련된 사업을 밥장사, 먹는장사, 요식업(料食業), 식당업(食堂業), 음식업(飮食業) 등으로 불렀다. 그러나 1990년대부터 자본력, 과학적 생산시스템과 체계적 교육, 다양한 마케팅 활동을 갖춘 해외 브랜드의 패밀리레스토랑이 국내 시장에 진출하면서 외식산업이라는 용어를 대중적으로 사용하기 시작했다.

과거 가정 외의 식생활을 줄여 '외식(外食)'이라 일컫고 있으나, 현대에서는 완제품요리전문점, 배달요리전문점, 출장요리전문점 등 식품산업의 발달로 인하여 '가정 외의 식사와 가정 내 식사의 장소 구분 없이 단지 먹는 음식물인 최후 소비상품이 가정 안에서의 가공이라는 부가가치를 포함하지 않는 것, 일부 포함하더라도 기본적인 미각의 변용과 귀찮은 조리를 필요로 하지 않는 것'을 광의의 개념으로 규정하고 있다.

국어대사전에서는 외식의 정의를 '가정이 아닌 밖에 나가서 음식을 사서 먹음'으로 정하고 있다. 그러나 앞에서 정의된 사전적 의미만 가지고 현재의 외식과 외식산업을 설명하기에는 부족하다. 가정에서 음식을 배달시켜 먹는 '배달음식'도 외식의 한 부분으로 보고 있다. 다만 외식의 이 같은 사전적 정의는 어디서 식사를 하느냐에 의해 내·외식을 구별하는 것으로 지금의 내·외식의 의미와는 차이가 있다. '음식이 어디서 만들어졌는가, 식사를 어디서 하느냐'만을 기준으로 내·외식을 판단하기는 어렵기 때문이다.

국내 외식산업은 국민소득 증가와 여성의 사회진출 확대 등 여건 변화에 따라 급성장 추세다. 외식산업의 매출액은 연평균 9.0%의 고성장을 이뤄 1998년 27조 원에서 2005년 46조 원, 2014년에 이르러 164조 원에 이르렀다. 패스트푸드, 패밀리레스토랑, 단체급식 등 신업종이 성장을 주도하여 왔다.

이 매출액 규모는 농림어업, 정보통신업, 문화서비스업보다도 크고, 정보통신업의 3배, 문화서비스업의 5배 수준으로 고용유발 효과가 높은 산업이다. 그러나 자영업, 가족경영 위주로 산업구조가 영세하다. 종업원 수 4인 이하 영세식당이 전체 사업체 수의 약 90%를 차지한다. 그러나 창업과 폐업이 반복되는 등 창업의 안정성이 낮아 농어업과의 동반성장에 어려움이 있다.

이에 「외식산업진흥법」이 제정됐는데, 그 주요 내용은 분기별 외식성과지수(매출액, 고객 수, 식재료 원가, 고용, 투자지출, 외식경기 등)와 업종별·지역별·규모별 분석결과 제공, 인력양성, R&D, 통계 등 외식산업 인프라 구축, 식재료 유통 합리화, 우수 외식사업자 지정, 우수 외식업 지구 지정 등 외식산업의 진흥과 경쟁력 강화를 위한 외식산업 진흥대책 마련, 외식산업과 농어업과 연계 강화 등이 있다.

외식산업은 핵가족화와 가계소득의 증가, 취업여성 증가 등으로 생활패턴이 다양하게 변화되고, 간편함과 편리함을 추구하는 문화적 현상에 편승하여 성장하는 추세에 있다.

또한 소비자의 건강과 안전 지향적 성향에 따라 음식문화에 대한 관심도 높아지고 있다. 특히 한식의 세계화 등 건강지향적인 한식문화에 대한 관심이 증대됐으며 세계 각국의 다양한 음식들을 선보이는 이색적인 외국음식점들도 많이 눈에 띄게 되었다.

소비자의 욕구에 따라 저가 음식점부터 고급 인테리어와 식재료를 제공하는 고 단가 전략 점포까지 양극화 추세가 나타나며, 요리 종류별 전문점부터 국가별 요리점까지 전문화 추세가 뚜렷한 추세를 보이고 있다. 또한 향후 길거리식품이 합법화되어 가세한다면 향후 외식산업의 규모와 잠재력은 실로 어마어마할 것으로 확신한다.

오랜 음식 역사와 외식 및 가공식품의 발전과 달리 식품위생을 관리하는 「식품위생법」은 1962년에야 비로소 제정이 되었습니다. 해방 이후 즉시 관련 법령이 정비되지 않은 이유는 당시 여건상 식품 안전관리보다는 식량원조에 의존하던 식량난 해소가 더 시급했기 때문이라고 추측됩니다.

4 · 19 혁명 이후 '국가재건최고회의'에서 실시한 대대적인 구법 정리 작업을 계기로 1900년 제정된 법률 제15호 「음식물기타물품취체규칙에관한건」 등 일제시대와 미군정시대에 제정되었던 식품과 보건 관련 법령들이 폐지되면서 「식품위생법」이 탄생했습니다. 2017. 7. 현재 「식품위생법」은 지난 60여 년 동안 총 72회 개정이 되었을 정도로 식품 안전관리를 위해 다양한 법령들이 추가 또는 수정되고 있습니다.

그렇다면 국내 최초의 「식품위생법」 위반 사례는 무엇일까요?

바로 1962년에 발생한 버린 깡통을 재활용해서 사용했던 통조림 제조 · 가공 영업자가 당시 「식품위생법」 제7조(유독기구 등의 판매, 사용금지)를 어겼던 사건이었습니다. 이후 60년대 주요 사건은 과자에 표백제인 '롱가리트'를 사용했다가 적발된 사건, 포도주와 도라지위스키 등에서 메틸알코올이 검출된 사건 등이 있었습니다.

- 2 -

# 가공식품

# 1) 술(酒)

　'술(酒)'은 인류의 역사와 늘 함께해 왔다. 과일, 벌꿀 등 당분을 함유한 액체에 자연에 널리 존재하는 효모(酵母)가 발효(醱酵)작용을 하여 알코올을 생성하게 되는데, 이것이 원시시대 술의 시작이다. 최초의 술은 원숭이가 나뭇가지의 갈라진 틈이나 바위의 움푹 패인 곳에 저장해 둔 과실이 우연히 발효돼 술이 된 것을 인간이 먹어보고 배웠다 하여 일명 '원주(猿酒)'라고 한다.

　수렵, 채취시대의 술은 과실주, 유목시대는 가축의 젖으로 만든 젖술

(乳酒), 농경시대는 곡물이 원료인 곡주(穀酒), 정착농경이 시작되면서부터 청주, 맥주 등 곡류양조주가 개발되었고 가장 최근에는 소주, 위스키 등 증류주가 대중적인 술이 되고 있다. 술의 원료는 각 나라의 주식과 관련이 깊은데, 알코올 발효가 안 되는 어패류나 해양동물을 주식으로 하는 에스키모에게는 술이 없었다고 한다. 또한 원료가 있다고 하더라도 종교상 금주하는 나라의 양조 술은 질이 매우 떨어진다.

그리스 신화의 디오니소스(Dionysos)는 로마신화에서는 주신(酒神) 바카스(Bacchus, 바커스 또는 바쿠스)로 불리는데, 제우스와 세멜레 사이에서 태어났고 머리에 포도송이로 만든 관을 쓰고 있다. 또한 바카스는 대지의 풍작을 관장하는 신으로 아시아 포함 세계 각지에 포도재배와 양조법을 전파했다고 한다.

『구약성서』의 '노아의 방주'에 관한 이야기에서 하느님이 노아에게 포도의 재배법과 포도주 제조법을 전수했다고 한다. 중국에서는 하(夏)나라의 시조 우왕 때 의적(儀狄)이 처음 곡류로 술을 빚어 왕에게 헌상했다는 전설이 있다. 또한 진(晉)나라의 강통(江統)은 『주고(酒誥)』라는 책에서 술이 만들어지기 시작한 시기는 상황(上皇, 천지개벽과 함께 태어난 사람) 때부터라고 해 인류의 탄생과 함께 술이 만들어졌음을 시사했다.

그러나 구체적으로 중국에서 처음 술을 빚기 시작한 시기는 지금으로부터 8천 년 전인 황하문명 때부터인 것으로 추정된다. 특히 이 시기의 유적지에서 발굴된 주기(酒器, 술을 발효시키거나 술을 담아두던 용기)가 당시 사용한 용기의 26%나 되었을 정도로 술은 이 시기의 생활에 큰 비중을 차지했다.

우리나라 역사에서 술이 등장한 것은 삼한시대 무렵으로 추측할 수 있으나 본격적으로는 삼국시대 후기부터 누룩을 사용해 술을 만들었다고 한다. 고려시대에는 송나라, 원나라의 양조법이 도입되어 보리와 쌀을 술에 이용했으며 술의 종류도 다양해지기 시작했다. 특히 고려 후기에 들어서는 증류주 문화가 유입되어 주곡뿐만 아니라 수수, 조 등을 이용한 술이 개발되기에 이르렀다.

우리나라의 술이 유명해진 것은 조선시대 때부터이며, 고급화되기 시작해 일본, 중국 등지에 증류주를 수출하기도 했다고 한다. 그리고 조선 후기에 와서는 각 지방의 특성을 살린 지방주가 전성기를 맞이하게 되었다. 유명한 술로는 서울의 '약산춘', 여산의 '호산춘', 충청의 '노산춘', 김천의 '청명주' 등이 있다. 또한 소주에 각종 약재를 첨가한 술이 개발되어 전라도의 '이강주', '죽력고' 등이 특히 유명하다.

이처럼 조선시대에 활짝 꽃피운 우리 술 문화는 일제 침략을 맞이하기 전까지 절정기를 이뤘다. 그러나 이 시기부터 외래주가 도입돼 토속주와 외래주가 공존하게 되었다. 19세기 말에는 마침내 위스키 등 서양의 양주문화가 도입됐고, 또한 국권이 일본으로 넘어가면서 수탈 목적으로 과중한 주세를 부과하는 바람에 전통적인 향토주와 토속주는 자취를 감추게 되고 신식 술이 획일적으로 제조되어 우리의 전통 술 문화를 말살시켰다.

우리나라 「주세법」에 따르면 알코올이 1% 이상 함유된 음료를 술(酒)로 정의한다. 사실상 술은 주신(酒神)이 만드는 것이 아니라 미생물인 효모가 만든다. 포도, 곡물 등에 함유된 포도당($C_6H_{12}O_6$)을 분해하여 발효과정을 거쳐 에탄올($C_2H_5OH$)을 생성하게 된다. 포도당은 산소가 충분하면 이산화탄소($CO_2$)와 물($H_2O$)로 변하지만, 밀폐된 용기 등 산소가 부족한 혐기적 환경에서는 이산화탄소와 함께 에탄올을 생성하게 된다. 이것이 술을 만드는 원리다.

술 역시 모든 식품이 그러하듯 칼로리, 생리활성성분 등 몸에 좋은 면과 몸에 나쁜 독성을 모두 갖고 있다. 술은 이왕 인류의 역사와 함께 했고, 허가받은 식품이니 좋은 면을 크게 보고 즐기는 지혜가 필요할 것이다.

술의 주성분인 알코올은 간에서 충분히 해독될 정도의 적당량만 마시면 체내에서 문제가 전혀 없다는 게 중론이다. 그러나 간에서 대사할 양을 초과하게 되면 혈관을 따라 체내 다른 조직으로 흘러들게 되며, 과도한 알코올이 체내에서 분해되면서 유해산소를 생성하여 세포 파괴와 노화의 주범이 된다.

일반적인 독성정도를 비교할 때 사용하는 반수치사량인 $LD_{50}$(lethal dose 50%)값을 비교해 볼 때, 쥐(mouse)의 경구 투여 시 소금과 비타민 $B_{12}$가 4g/kg인데 비해 에탄올은 10g/kg이다. 즉, 소금, 비타민 $B_{12}$보다 독성이 2.5배나 약하다는 이야기다. 특히, 구연산(citric acid, 11.7g/kg), 비타민 C(11.9/kg)와는 비슷한 독성이고 조미료인 MSG(19.9g/kg), 설탕(29.7g/kg)보다 2~3배 더 독성이 강한 물질로서 급성독성이 아주 강한 물질은 아니다. 그러나 지속적으로 섭취 시 만성적으로 많은 문제를 야기한다.

알코올은 국제암연구소(IARC)가 정한 1군 발암물질로서 전 세계적으로 매년 약 250만 명을 사망시키는 인류 사망원인 3위를 차지할 정도로 위험하기 때문이다.

술에 의한 신체손상이 가장 큰 부위는 간으로 알려져 있는데, 위장관, 췌장, 뇌, 심장, 고환 등에도 큰 영향을 준다고 한다. 간자체가 알코올이나 대사산물인 아세트알데히드에 의해 손상을 받게 되는데, 심할 경우 지방간에서 간경화 등이 유발될 수 있다. 장기간 술을 마시면 알코올이 췌장을 자극해 극심한 통증발작을 동반하는 췌장염을 일으킨다.

뇌의 경우 신경전달물질의 기능을 떨어뜨려 기억력 감퇴, 사고 이상, 운동기능 등을 저하시킨다. 또한 심장질환, 관상동맥질환, 부정맥 등을 유발하며, 혈액의 순환과 심장의 수축에도 중요한 영향을 미친다. 또한 신체의 보호능력인 면역기능을 저하시켜 세균, 진균, 바이러스 등 미생물 저항력이 감소되어 각종 질병, 알코올성 간경변증, 심내막염 등의 발생율이 높아진다. 또한 성기능 저하의 원인이 되기도 한다.

안전한 음주량은 하루에 순수 알코올 35g 정도라 한다. 소주나 양주로 환산하면 3잔 정도다. 소금의 1일 권장섭취량이 5~6g인 것에 비해서는 비교적 안전한 셈이다.

최근 주류의 수입이 크게 늘어나고 부정·불량 주류의 유통 또한 커지는 추세다. 주류의 위생 및 안전문제는 의도적인 것과 비의도적 문제로 나뉜다. 의도적인 문제는 저가 술을 고급 술로 둔갑시키기, 주류 제조 시 허가되지 않은 비아그라, 색소, 착향료 등 부정물질을 첨가하거나 불량원료 사용 등이 있다. 중국산 설탕물에 화학첨가물 넣은 가짜 포도주 유통사례도 잘 알려져 있다.

비의도적 문제는 곰팡이 독소가 검출된 쌀 등 곡물을 주류 제조용 원료로 사용하거나, 과실주 등 발효주류에서의 발암물질 에틸카바메이트 검출, 중금속 비소에 오염된 전분을 사용한 맥주, 노후 제조시설에서의 잦은 이물 검출, 공병 재활용에 의한 유리조각 검출, 작업자 의식부족에 의한 오염 등이 있다.

한국소비자단체협의회의 2010년 1월~2011년 5월 소비자 상담망을 통해 접수된 1,372건의 분석 결과, 위생 및 안전문제가 53%로 가장 큰 문제고, 다음이 가격 불만(23%), 가짜 판매(2.3%) 순이라 한다. 위생·안전문제의 원인은 주로 이물(47%)이고, 다음이 용기파손, 변질, 유통기한(품질유지기한)의 순이라 한다.

주종별로는 도수가 높은 소주의 경우 이물과 용기파손이 많은 반면, 탁주, 맥주 등 저도주는 이물질과 변질, 유통기한 문제가 많았다. 즉 이물은 모든 술의 공통적 문제이고, 저도주는 위생문제나 미생물 증식이 심각했다. 이물질의 대부분은 플라스틱 조각, 뿌연 가루 등 미확인 물질이며, 용기파손에 의한 유리 발견도 자주 확인되고 있다.

술은 그간 위생적으로 가장 안전한 식품으로 여겨져 위생관리의 사각지대였다. 그러나 술에는 알코올 자체의 독성 외에도 저질·불량원료 사용, 무허가 위해 첨가물, 제품화 과정에서의 위생문제, 이물 검출, 유통 시 변질 등 많은 안전문제가 숨어 있다.

## 재미있는 식품 사건 사고

술의 오랜 역사만큼이나 관련 식품안전 사건도 지속적으로 발생해 왔습니다. 1960년대 포도주 등에서 포름알데히드가 검출되어 전국 주류업소에 대한 일제 단속이 있었습니다. 이 밖에 '숙취의 대명사'인 막걸리가 최고 인기 주류였는데,

1960년대에는 쌀로 막걸리를 만들지 못하게 정부에서 단속을 했기 때문에 밀로 만들어서 그렇다는 설도 있지만, 막걸리 소비량을 충족시킬 수 없었기 때문에 주류업체에서 발효기간을 단축시키기 위해서 전통적인 제조법 대신 '카바이트'와 같은 화학약품을 사용했기 때문이라고 합니다.

카바이트는 물과 섞으면 열이 발생하는데 이 열로 막걸리가 빨리 숙성되도록 한 것입니다. 어쨌든 이후 100% 국산 쌀로 만든 막걸리가 제조 · 유통되면서 현재는 막걸리 숙취에 대한 논란은 완전히 사라졌으며, 남녀노소가 사랑하는 대세주로 거듭나고 있습니다.

소주의 경우도 인기만큼이나 사건 · 사고가 계속 발생하고 있는데, 2006년 모 주류업체에서 '알칼리환원수' 즉, 전기분해한 알칼리수를 용수로 사용했다가 「먹는물관리법」과 「식품위생법」 및 식품의 기준 및 규격에 위반되는 것이 아닌지에 대한 논쟁이 10년간이나 지속된 사건도 있었으나 지금은 해결됐습니다.

## 2) 맥주

얼마 전 식약처에서 호프집 등에서 판매되는 생맥주의 미생물 오염도를 조사한 결과, 15건 중 2건에서 일반세균수가 음용수 수질기준(100 cfu/ml)을 초과해 위생관리가 부실함이 발표됐다. 그 원인은 생맥주 판매 전후 호스와 생맥주통 뚜껑을 자주 세척하지 않았기 때문인 것으로 분석됐다. 그 대책으로 호프집 등 식품접객업소에서 판매되는 '생맥주의 위생관련 기준·규격'을 마련하는 한편 주류 판매자 위생교육을 강화할 것이라고 한다.

생맥주통의 살균과 소독은 매우 중요하다. 그러나 사용한 소독제의 세척이 부적절할 경우 오히려 소독제가 호스 내부에 남아 맥주를 통한 섭취 시 인체에 해를 미칠 수도 있다. 최근 가성소다(수산화나트륨)가 검출된 독일산 생맥주가 리콜 및 판매 금지된 적이 있다. 가성소다는 파이프를 소독할 때 쓰는 강알칼리성 물질로 파이프 속에 잔류하다가 맥주에 혼입되어 과량 섭취 시 위통, 설사, 혼수 등을 일으킬 수 있어 위험하다.

맥주(麥酒, Beer)는 '마신다'라는 의미의 라틴어 '비베레(Bibere)'에서 유래되었다. 맥주는 고대 오리엔탈시대에 농경생활을 시작한 슈메르인이 보리에 수분을 첨가해 발아시켜 맥아빵을 만들고, 당분이 많은 맥아빵을 부숴 물과 섞어 발효시켜 만든 '고대맥주'에서 유래했다. 이 맥주는 736년 게르만인에게 잡혀 포로가 된 프랑스 병사가 남부 독일에 호프 재배법을 전해 지금에 이르렀다고 한다.

중세에는 수도원을 중심으로 맥주 양조기술이 전래, 발전되다가 근세로 넘어오면서 도시가 발달하고 길드제도가 정착함에 따라 맥주양조가 시민들에게 보급되기 시작했다. 이 무렵 다양한 맥주를 시도하려는 움직임이 일어나기 시작해 1516년 독일에서는 대맥, 물, 호프 이외에는 원료로 사용해서는 안 된다는 「맥주순수령」이 제정, 공포되기도 했었다.

19세기 중엽 프랑스 학자 파스퇴르(1822~1895)가 등장하면서 맥주 양조기술의 급속한 발전이 있었다. 미생물학에 기초해 발효가 효모의 움직임에 의한 것임을 증명하고, 맥주효모가 60℃ 이상의 온도에서는 작용하지 않는다는 것을 발견, 술의 재발효, 후발효를 방지하기 위한

'저온살균법(pasteurization)'을 고안해냈다. 맥주는 이 저온살균방법에 의해 장시간 보관이 가능하게 되어 급속도로 산업화되었다. 이후 1883년 한센이 질 좋은 효모를 골라 순수하게 배양하는 기술을 개발했으며, 린데는 암모니아 냉장고를 발명해 사계절 내내 양조를 가능하게 함으로써 맥주의 품질 유지와 상업화에 크게 기여했다.

중세 유럽에는 생맥주가 가장 대중적인 주류였으며, 통(barrel)에 담아 직접 손님에게 배달했었다. 그러나 1785년 Joseph Bramah가 생맥주를 뽑아 올리는 펌프를 개발, 특허를 낸 후 생맥주를 배달하던 'dragen'이라는 장비로부터 'drag, draw' 또는 'draught 맥주'라는 용어가 탄생되었다. 그 이후 Bramah의 맥주펌프는 큰 인기를 끌게 되었고, draught 맥주는 '손으로 펌프질해서 맥주를 뽑아 손님들에게 편리하게 제공한다'는 의미가 되었다고 한다.

20세기 초부터는 압력용기를 사용해 생맥주를 제공하기 시작했다. 1936년 영국의 Watney가 인공적인 탄산가스 주입을 살균맥주에 처음 도입했으며, 1970년대부터 전 세계적으로 압력용기 생맥주가 인기를 끌기 시작했다.

맥주가 우리나라에 알려진 것은 1933년 일본의 '대일본맥주'가 '조선맥주(하이트맥주 전신)', '기린맥주'가 '소화기린맥주(오비맥주 전신)'를 설립하면서부터였는데, 당시에는 상류층만이 마실 수 있었다. 1980년대부터 맥주가 대중화되고 맥주시장에 경쟁이 붙어 제조공법도 다양해지고 그 종류도 늘어나게 되었다.

현재 우리 시장에서는 천연암반수를 사용하여 드라이밀 공법으로 맥아 껍질을 제거함으로 쓴맛을 제거한 하이트맥주, 비열처리 프레쉬 공법으로 제조돼 생맥주의 신선함을 병맥주로 즐길 수 있는 카스, 잡미와 잡향을 제거하는 회오리공법을 도입한 오비라거, 국내 최초의 적맥주인 레드락, 순한 맥주 카프리, 칼로리를 낮춘 엑스필맥주, 진한 클라우드 맥주 등이 인기를 끌고 있다. 우리나라 맥주는 다른 나라에 비해 늦게 도입됐지만 가장 단시간 내에 강한 쓴맛으로부터 부드럽고 순한 아메리칸 스타일 맥주까지 다양하고 고급화되었다.

맥주(麥酒, Beer)는 대맥(보리), 홉(hop), 물을 주원료로 효모를 섞어 저장하면서 발효시켜 만든 탄산가스가 함유된 양조주다. 그 종류로는 첫째, 가장 일반적인 Lager와 draft beer가 있다. 병에 넣어 열을 가해 살균한 것이 'Lager beer(라거비어, 담색맥주)'고, 저온살균해 효모의 활동을 정지시킨 후 맥주통에 담은 것이 'Draft beer(생맥주)'다. 그리고 맥아를 검게 볶아서 캐러멜화시켜 만든 것이 'Black Beer(흑맥주)'다.

둘째, Ale(에일)은 보통 맥주보다 고온에서 발효시킨 것으로 Lager beer보다는 홉(hop)향과 쓴맛이 강한 맥주다. 셋째, Stout(스타우트)는 약 6%의 주정(酒酊) 도수를 가진 맥주로서 맥아주의 맛과 홉향이 강한 에일형의 맥주로서 약한 쓴맛을 갖고 있다. 넷째, Poter(포터)는 스타우트와 유사하나 보다 진한 거품을 갖고 있으며, 영국의 짐꾼(poter)들이 즐겨 마시는 데서 유래됐다고 한다. 다섯째, Bock Beer(보크 비어)는 라거비어 보다는 약간 진하고 단맛을 느끼게 하는데, 발효통을 청소할 때 나오는 침전물을 사용해 만드는 특수한 맥주로서 미국에서 주로 봄철에 생산된다.

맥주하면 가장 먼저 연상되는 국가는 단연 독일이다. 맥주 종주국인 독일은 홉(hop)을 사용한 맥주를 처음으로 만든 곳인데, 가장 전통적인 것은 뮌헨 맥주인 바이에른으로 홉의 쓴맛이 강하게 느껴진다. 벡스 맥주, 파울레너 맥주, 살바토레 에일 맥주, 바이첸 맥주 등 다양한 종류의 맥주가 있다.

네덜란드 맥주는 실질적으로 유럽시장을 장악하고 있다. 우리가 알고 있는 종주국인 독일보다 사실상 더 유명하다. 이는 독일맥주보다 강한 쌉쌀한 맛을 내는 하드타입의 맥주를 좋아하는 유럽인들이 가장 많이 즐기는데, 특히 하이네켄은 네덜란드의 대표 맥주로 톡 쏘는 맛과 거칠고 쌉쌀한 느낌이 특징이다.

영국은 발효 맥주의 본고장으로 원래는 보리로 만든 술을 통칭하여 '에일(Ale)'이라 했는데, 16세기말부터 홉으로 만든 맥주가 보급되면서 홉을 넣지 않은 맥주를 에일, 홉을 넣은 것을 '비어(beer)'라고 했다고 한다. 오랜 전통의 기네스 맥주가 영국의 대표적인 흑맥주다. 기네스 브랜드의 스타우트 맥주는 알코올 함량 8% 정도로 강하며, 까맣게 탄 맥아를 사용하기 때문에 색은 짙은 갈색인데, '스타우트'란 '강하다'는 뜻으로서 '스타우트 에일(ale)' 또는 '스타우트 비어'를 간단히 줄여서 쓴다.

미국 맥주는 유럽에 비해 부드럽고 대중적이다. 1800년대 중반 독일 이민이 늘어나면서 미국 맥주산업이 발달하기 시작해 현재는 세계 맥주시장에서 큰 영향력을 갖고 있다. 대표적인 브랜드로 버드와이저, 밀러, 쿠어스 등이 있다. 특히, 버드와이저 맥주는 전 세계 젊은이들에게 가장 깊은 사랑을 받고 있는 아메리칸 스타일의 고급 맥주이며, 발효과정에서 'beachwood aging'이란 독특한 숙성방법을 사용해 부드럽고 깨끗한 맛을 낸다.

노르웨이는 꿀로 만든 맥주인 '미드(Mead)'로 유명하다. 결혼한 부부가 1개월 동안 이 술을 마셨기 때문에 'Honeymoon'이라는 말이 생겼다고 한다.

벨기에산 맥주로는 '레삐 맥주'가 유명한데, 단맛이 있고 황실에서만 먹었다고 한다. 알코올 도수는 6.5%로 높은 편이지만 뒷맛이 깔끔하며, 특히 암갈색의 레삐 에일은 달콤한 초콜릿 향이 입 안에 남는 독특한 맛이 있다. 듀발 맥주는 알코올 함량이 8.5%나 된다.

덴마크 맥주는 15세기부터 상품화되었으며, 지금도 세계 맥주시장에서 영향력이 크다. 우리에게 가장 익숙한 덴마크 맥주는 칼스버그인데, 안데르센과 함께 덴마크의 자랑거리로 쓴맛이 강하다.

전 세계적으로 유명한 '필젠(Pilsen)' 타입의 맥주가 바로 체코산 맥주다. 연수(단물)가 나는 체코슬로바키아의 필젠 지역에서는 담색 맥주가 발달했고, 순하면서도 단맛과 쓴맛이 교차하는 새로운 타입의 맥주다. 체코는 국민 일인당 맥주 소비량이 세계 1위로 국민 1인당 연 3백 병 이상을 마시는 맥주를 가장 사랑하는 국가다.

생맥주는 남녀노소 누구나 즐기는 가장 대중적이고, 친숙한 술이다. 생맥주는 원래 열처리를 하지 않은, 양조한 그대로의 맥주를 말한다. 효모와 효소가 살아있어 건강에도 좋고, 열처리한 병맥주에 비해 맛도 더 신선한 것으로 알려져 있다. 일반인들은 시중 유통되는 생맥주는 효모가 살아 있고, 살균과정을 거쳐 효모와 일반세균이 없는 병맥주와는 다를 것이라 생각한다.

생맥주(生麥酒, draft beer, draught beer)의 정의를 살펴보면, '맥아즙을 발효·숙성시켜 여과만 하고, 가열·살균 과정을 거치지 않은 맥주'를 말하며, 농촌진흥청에서도 '가열 살균되지 않은 맥주로서 향미는 좋지만 효모가 살아 있어 보존성이 낮다'고 정의하고 있다.

그러나 요즘 호프집 등에서 유통되는 생맥주는 이러한 사회 통념과는 달리 일반 병맥주와 차이가 전혀 없다고 한다. 동일한 생산공정을 거친 후 마지막 포장 단계에서 병에 담으면 병맥주, 페트병에 담으면 페트병 맥주, 캔에 담으면 캔맥주, 생맥주 통에 담으면 생맥주가 된다는 것이다.

따라서 시중에 유통되는 생맥주는 엄밀한 의미에서 효모가 살아 있는 생맥주가 아니다. 맥주 제조업체들이 효모가 살아 있는 상태의 진짜 생맥주를 유통시키지 않고 살균 처리한 일반 맥주를 생맥주 통에 담아 유통하는 이유는 바로 보존성과 안전성 확보로 생각된다.

일반적으로 살균하지 않은 생맥주의 유통기한은 짧다. 살아있는 효모가 시간이 지나면서 발효를 계속 일으키고 자연적으로 오염된 초산균에 의한 초산발효가 일어나 술이 식초로 변하기 때문이다. 특히, 양조장에서 운반되는 생맥주의 경우 유통과정에서 변질, 오염 등 위생상의 문제가 크기 때문이다. 또한 신선한 상태로 생맥주를 유통시키려면 냉장장치(cold chain)가 필요해 비용부담도 증가하게 된다.

그렇다면 같은 회사 맥주라면 병맥주와 생맥주는 같은 제품이고 맛도 같아야 정상인데, 맛이 다르다고 느껴지는 경우가 있다. 이는 마실 때의 맥주 온도, 안주, 제조일자 차이에 의한 변질 정도가 차이나기 때문이다. 특히 저장기간은 같은 회사의 맥주라도 맛에 큰 영향을 미치기 때문에 맥주업체는 생산 후 소비자에게 전달되는 유통기간을 가능한 단축시키려 노력한다. 또한 생맥주통에서 맥주를 뽑아내는 과정에서 액화 탄산가스가 첨가되기 때문에 생맥주는 병맥주에 비해 더 강한 톡 쏘는 맛을 갖고 있다.

전형적인 '통맥주(Keg 또는 Cask beer)'는 케그통(1 keg = 58.67리터)에 보관하며, 압력으로 맥주를 따라 마시는 것으로 살균이나 여과공정을 거쳐 효모가 비활성화 돼 유통기한이 비교적 긴 맥주를 말한다.

Keg맥주는 인공적으로 이산화탄소($CO_2$)와 질소가스($N_2$)를 혼합해 맥주통에 주입, 압력을 가하는 것이고, Cask맥주는 살균이나 여과하지 않고 통에서 따라서 마시는 맥주를 말한다. 영국에서는 일반적으로 Keg맥주는 살균맥주, Cask맥주는 비살균 생맥주를 의미한다. 통맥주는 12℃에서 저장돼야 하며, 일단 통을 개봉해 마시면 3일 내에 모두 소비해야 한다.

캔 또는 병에 적혀 있는 'draft' 맥주나 'draught' 맥주 표시는 Keg로부터 바로 따라 부은 맥주와 같은 느낌을 주기 위한 마케팅용 용어다. 대표적으로 Miller Genuine Draft와 Guinness stout 맥주회사들이 그런 마케팅을 한다. 일본 등 일부 국가에서는 'draft'라는 용어를 캔 또는 병맥주 중 살균하지 않은 '생(生)'이라는 의미를 갖는 제품에 한해 사용할 수 있다. 즉, "생맥주란 일반적인 포장의 캔 또는 병맥주보다 신선한 맛을 갖고 있으며, 유통기한이 짧은 제품을 말하는 것"이다.

우리나라에서도 소비자들이 생각하는 생맥주와 시중 유통되는 생맥주가 다르다면 법적인 제품의 유형과 정의를 재검토하거나, 생맥주 제조사가 능동적으로 개선하는 노력을 보여야 할 것이다.

최근 수입맥주나 하우스맥주가 인기를 끌 정도로 가장 대중화된 술이 맥주라고 할 수 있습니다. 1933년 최초로 수입된 맥주는 막걸리나 소주에 비해서 비싼 가격에 가짜 맥주가 제조되기도 했는데, 지금의 상식으로는 도저히 이해할 수 없는 사건도 많았습니다.

특히 1972년 하숙집에 가짜 맥주제조공장을 차려놓고 우물물과 세탁용 세제를 섞어 맥주를 제조한 뒤 변두리 식품판매점에서 200병을 판매하다가 적발된 사건이 있었습니다. 당시만 해도 맥주 맛을 제대로 알지 못하는 사람들이 많았기에 가능한 것으로 보이며, 결국 비눗물을 맥주라고 판매한 것은 건강을 해칠 우려가 있기 때문에 현재 같으면 중형에 처해질 수 있는 사건이었습니다.

# 3) 와인

　인류가 포도를 먹기 시작한 시기는 3~4만 년 전쯤으로 추정하고 있다. 크로마뇽인들이 라스코동굴 벽화에 그린 포도 그림을 통해 알아낸 사실이다. 포도 열매를 수확 후 다 먹지 못하고 남은 포도는 초기에는 건포도 형태로 먹다가 나중에는 주스형태로 먹었고, 보관하다가 껍질에 존재하는 천연 이스트에 의해 발효된 술을 먹기 시작했을 것으로 추측된다.

　포도 씨가 모여 있는 유물을 통해 고고학자들은 BC 9천 년경 신석기

시대부터 포도주를 마시기 시작한 것으로 보고 있다. 와인의 역사는 문명이 발달한 이집트와 메소포타미아 지역에서 발달하기 시작한 것으로 추측하고 있다.

BC 8천 년경 메소포타미아 유역의 그루지아 지역에서 발견된 압착기, BC 7천 5백 년경 이집트와 메소포타미아에서 발견된 와인저장실, BC 4천~3천 5백 년에 사용된 와인항아리, BC 3천 5백 년경 발견된 이집트의 포도재배와 와인제조법이 새겨진 유물 등이 그 증거가 되고 있다. 와인 관련 최초의 기록은 BC 2천 년 바빌론의 '함무라비법전'에 언급된 와인의 상거래 관련 내용이다.

와인은 색상별로 적포도주(레드와인), 백포도주(화이트와인), 로제와인 등으로 나뉜다. 화이트와인이라고 해서 꼭 화이트와인 품종(청포도)으로만 만드는 것은 아니고, 양조법에 따라 적포도로도 화이트와인을 만들 수도 있다. 발효 시 적포도의 껍질과 씨의 활용 여부에 따라 색이 결정되는데, 이 차이가 바로 레드, 화이트, 로제, 블러쉬와인 등의 분류를 만드는 것이다.

과즙이 발효되는 과정에서 탄산가스가 생성되며, 양조과정 중 자연스레 날아가고 발효액만 남는데, 이러한 와인을 '스틸(Still) 와인'이라 부른다. '스파클링(sparkling) 와인'은 발효가 끝난 와인에 당분과 효모(이스트)를 첨가해 인위적으로 재발효를 유도해 탄산이 포함되게 만든 와인을 말한다.

이 중 프랑스의 샹파뉴 지방에서 생산되는 것만을 '샴페인'이라고 하는데, 프랑스 부르고뉴 지방에서는 '크레망', 스페인에서는 '까바', 이탈리아에서는 '스푸만테', 독일에서는 '젝트', 미국에서는 '스파클링 와인'

이라 부른다. 일반 와인의 양조과정 중간에 브랜디를 첨가해 도수를 높인 와인을 '주정강화 와인'이라고 하는데, 스페인의 '셰리와인', 포르투갈의 '포트와인' 등이 유명하다.

와인은 9~13%의 알코올 외에 85%의 수분, 소량의 당분, 유기산, 폴리페놀 등 3백여 가지 영양소, 비타민, 무기질 등이 들어 있다. 와인의 효능은 다양해 기원전부터 외상치료제, 수면제, 안정제 등으로 사용됐다. 의학의 아버지 히포크라테스는 와인에 물과 향료를 섞어서 두통과 소화장애 치료, 해열 등의 목적으로 활용했다고 한다.

레드와인은 심장질환, 고혈압 등 성인병 예방에 좋다는 이야기가 있는데, 항산화물질인 '폴리페놀'을 다량 함유하고 있어 심혈관질환 예방과 활성산소를 제거하는 항산화작용으로 신체 노화를 예방해 준다고 한다.

탄닌, 안토시아닌 등 폴리페놀은 레드와인에 리터당 3~4g, 화이트와인에 리터당 2g 정도 들어 있고, 와인 한 병(500ml)에는 하루섭취권장량에 해당하는 리보플라빈 5%, 니아신 2%, 피리독신 10%, 엽산 2%, 비오틴 5%, 칼슘 3%, 구리 5%, 철 15%, 요오드 25%, 마그네슘 85%, 인 2%, 아연 6%, 소량의 티아민 등을 포함한다.

레드와인은 화이트와인보다 더 많은 비타민을 가지고 있다. 와인 속 미네랄인 붕소는 갱년기 여성에게 칼슘 흡수와 여성호르몬인 에스트로겐 유지를 도와줘 여성의 피부와 신체에 미용효과를 더해 준다고도 한다. 이 밖에도 레드와인은 멜라토닌 성분으로 수면을 유도해 불면증 예방에도 효과가 있으며, 소화기능을 촉진시켜 준다고 한다.

이렇게 효능이 많은 와인도 결국은 술이다. 과량섭취 시에는 1군 발암물질인 알코올의 피해를 입을 수 있으니, 식사할 때 한두 잔 정도 즐기는 수준에서 섭취해야만 와인의 효능과 맛을 즐길 수 있을 것이다.

## 재미있는 식품 사건 사고

『신의 물방울』이라는 와인 관련 만화가 있을 정도로 와인은 오랜 역사와 전통을 갖고 있으며, 전문가들도 매우 많습니다. 와인은 거의 대부분이 프랑스, 미국, 칠레 등에서 수입되는데 「식품위생법」에 따라 과실주에는 보존료로 사용되는 소르빈산이 검출될 수 있으며, 그 기준을 0.2 g/L로 정하여 관리하고 있습니다.

그런데 수입업자 입장에서는 수출자의 성분성적서만 믿고 수입신고를 하는 것이 전부라 간혹 기준치 이상의 소르빈산이 검출되어 해당 와인이 전량 폐기되는 사례가 많이 발생하고 있습니다. 사실 검출기준을 초과했다고 하나 매우 미미한 수준이라 건강을 해칠 우려가 없지만 국민의 안전을 위해 정해 놓은 것이라 '울며 겨자 먹기'로 수입자들은 와인을 폐기해야만 합니다.

# 4) 라면

　라면은 소맥분과 계란으로 면을 뽑고 삶고 튀겨서 향신료 등 첨가물을 넣어 만든 식품이다. 중국에서 처음으로 전쟁 중에 비상식량으로 사용했고, 이를 일본이 중일전쟁 때 배워 가 산업화했다고 한다.

　현재의 유탕(기름에 튀긴)면이 주를 이루는 '건라면'은 제2차 세계대전 이후 일본에서 상품화되기 시작했는데, 당시 미군 구호품 중 밀가루가 많아 이를 활용한 새로운 식품으로 고안된 것이라 한다. 최초의 즉석라면은 1958년 8월 25일 산시쇼쿠산(현 닛신식품의 전신)에서 생산한

'치킨라면'이다. 이후 1962년부터 스프를 분말로 만들어 삽입한 봉지면이 인기를 끌었다.

우리나라 라면의 역사는 식량부족으로 가난했던 1960년대로 거슬러 올라간다. 1963년 9월 15일 삼양식품이 일본기술을 도입해 치킨라면을 처음 선보였고, 2년 뒤 롯데공업(주)에서 '롯데라면'을 생산하며 라면시장이 형성되기 시작했다.

그러나 1989년 11월 3일 검찰이 미국에서 비식용으로 구분되어 있는 공업용 우지를 라면의 유탕 등에 사용한 죄로 삼양식품 등 5개 식품회사 대표와 관계자 10명을 구속한 사건이 발생했다. 일명 '우지라면 사건'인데, 당시 식품공전 위반 내용은 "사용된 우지원료는 생산지인 미국에서 비식용으로 구분되어 있었고, 원료구비조건을 위반한 우지 원료를 식품의 제조, 가공, 조리용으로 사용했고, 식품공전상 기준(0.3)을 초과한 산가 0.4의 우지를 라면의 튀김유로 사용했다"는 것이다.

보건사회부(현 보건복지부)는 "이전까지 문제없었던 우지는 1989년 1월부터 적용된 식품공전의 신설 규정에 위배된다"고 주장했다. 또한 소비자시민모임은 "공업용 쇠기름을 식품에 사용했다"는 성명을 발표, 해당 업계의 사과와 제품 전량 수거, 유통업자의 해당제품 진열 및 판매 중지, 재발 방지를 위한 정부의 대책 마련 등을 촉구했다.

삼양식품 측은 억울함을 호소했다. "20년 전부터 국민에게 동물성 지방을 보급한다는 취지에서 우지를 수입, 정제해 식용우지로 사용할 것을 정부에서 추천했었다는 점"과 "1989년 당시 팜유에 비해 우지 수입 비용이 톤당 100$ 더 비쌌다는 점", 그리고 "우지뿐 아니라 팜유를 비롯한 모든 식물성 유지의 경우, 원유(crude oil) 상태에서는 모두 비식용이라는 점"을 주장했다.

　이후 (사)한국식품과학회는 "정제하지 않은 유지는 모두 비식용이며, 식용/비식용으로 구분하는 나라는 어디에도 없다"고 발표했다. 1989년 11월 말, 국립보건원이 '우지 사용·제품의 인체 무해'를 공식 발표하면서 우지파동의 불길이 잡혔으며, 유지의 불법성 여부가 사법적 판단으로 넘어갔다. 결국 1995년 7월, 5년 8개월간 22차례의 재판 끝에 서울고등법원에서 무죄 판결을 선고받았다.

　나중 보건사회부는 원료우지와 완제품을 구분해 "비식용유지를 수입한 것은 분명히 위법이지만, 이를 정제하여 생산한 라면은 안전성에 이상이 없다"고 발표했다. 즉, 우지나 팜유를 비롯한 식품성 유지들은 원유 상태에서는 모두 비식용이라는 것이다. 미국에서 우지는 1~16등급까지 분류되는데, 이 중 1등급만 식용으로 분류되며, 우리나라 검찰에서 문제 삼은 것은 2~3등급의 우지였다.

　실제 위해인자에 대한 분석과 위해평가를 실시한 것이 아니었고 인체 위해성 또한 증명되지 못했었다. 너무 많은 보도와 전문성 없는 검찰의 발표로 라면시장이 얼어붙었다. 특히 삼양식품은 100만 박스 이상을 폐기하고, 1,000여 명의 직원이 이직하는 엄청난 수난을 겪었다.

　1988년 당시 31%였던 시장점유율은 이 사건 직후 10% 이하로 급락했고, 1990년대 초까지 수백억 원의 적자에 허덕였었다. 문제의 우지를 사용해 마가린과 쇼트닝을 제조하던 서울하인즈와 삼립유지는 롯데삼강에 시장을 양보했고, 부산유지는 사건 직후 부도났다.

　2016년 7월 현재 라면시장 점유율은 농심 53.8%, 오뚜기 23.7%, 팔도 11.5%, 삼양 11%라고 한다. 단순 식품공전 공통기준 위반 사안을 검찰, 시민단체에서 '공업용 쇠기름'이라 몰아붙이며, 천문학적인 경제적 · 사회적 손실을 유발시켰던 너무도 어처구니가 없는 해프닝이었다.

현재 우리나라 식품의 안전관리는 2007년부터 모든 사안에 대해 위해성 평가를 의무적으로 실시하고 있다. 우리 식품산업의 안전관리 수준, 검경찰과 소비자단체, 언론의 보도수준이 하루 빨리 선진화돼 다시는 이런 황당한 사건이 발생하지는 않기를 바란다.

## 재미있는 식품 사건 사고

공업용 우지라면 사건은 이미 전 국민이 아는 사건이라 반복할 필요는 없다고 생각되며, 최근에는 라면 스프에서 검출된 발암물질인 벤조피렌이 가장 관심 있는 이슈입니다. 전문가가 아닌 일반 국민이나 언론종사자들은 식품에서 발암물질이 검출된다고 하면 무조건 경악하면서 해당 식품의 섭취나 구매를 거부하는 경향이 있는데, 이는 매우 위험한 생각입니다.

실제로 우리가 섭취하는 식품은 다양한 성분을 포함하고 있으며, 일부 발암물질도 그 안에 당연히 있을 수 있습니다. 다만 「식품위생법」에서는 기준치를 엄격하게 규정해서 관리하고 있으므로 안심하고 드셔도 상관없습니다.

라면 스프에서 발암물질인 벤조피렌이 검출되었다는 보도로 인해 한때 라면 매출이 하락하는 등 문제가 되기도 했지만 모든 오해가 풀려서 이제는 이런 사건이나 보도가 다시는 발붙이지 못하고 있습니다.

# 5) 탄산음료

콜라 같은 탄산음료는 중독성이 높아 한번 맛본 사람은 쉽게 끊을 수가 없다. 그러나 최근 높은 당 함량 때문에 '정크푸드'라 불리며, 건강의 적으로 내몰리고 있다.

최근 영국에서도 어린이 비만을 줄이기 위해 설탕 함유 탄산음료에 '설탕세(sugar tax)'를 부과하기로 했다. 세금이 부과되면 음료회사는 설탕량을 줄이거나 제품 가격을 올릴 수밖에 없어 소비자들의 설탕 섭취량이 줄어들 것이다.

설탕세 부과는 아동·청소년이 좋아하는 탄산음료를 정조준 해 만들어졌다. 순수 과일음료나 우유 제품은 대상이 아니다. 물론 우리나라에서는 탄산음료에 설탕세를 도입하진 않지만 지난해 10월 서울시는 공공기관과 지하철 등 공공시설에서 탄산음료 판매를 제한한다고 공언했다.

사실 탄산음료 입장에서 보면 억울하다. 서울시에서 설탕을 약 10% 함유한 콜라·사이다 등 탄산음료의 대안으로 제시한, 소위 건강에 좋다고 알려진 음료의 설탕 함유량이 탄산음료보다 결코 적지 않다.

과일주스는 9~13%, 비타민음료, 매실음료와 수정과는 11%, 알로에음료는 10%의 설탕을 함유하고 있어 당이 문제라면 이들 건강음료들도 함께 금지시켜야 한다.

최근 유럽의 탄산음료 설탕세 부과와 당을 줄이자는 '로카보(Low carbohydrate)' 운동은 인류의 비만문제를 해결하자는 좋은 취지다. 그러나 탄산음료는 운동 후나 육류 등 느끼한 고지방, 고단백 식사를 할 때 달콤하고 탁 쏘는 맛으로 행복함을 안겨주는 착한 음료다. 그러나 사람들은 탄산음료를 당이 많다고 정크푸드라 한다. 탄산음료는 영양식으로 섭취하는 '주식'이 아니라 사람에게 즐거움을 주는 '기호식품'일 뿐이다.

기호식품이 식사대용 식품처럼 영양 균형을 골고루 갖춰야 한다는 것은 무리가 있다. 특히 운동이나 노동 후 당이 필요한 사람들이 당 섭취를 위해 탄산음료를 먹으려 하는데, 당이 많다고 못 팔게 하거나 시장에서 퇴출하려는 시도는 시장논리에도 맞지 않다. 탄산음료와 같은 기호식품은 사람이 먹지 못하게 할 것이 아니라 적절한 습관으로 양을 조절케 해야 한다.

아무리 좋은 영양소나 음식도 과하면 독(毒)이 된다. 탄산음료가 주는 소화 촉진, 갈증 해소, 저혈당 시 당 공급 등 장점은 뒤로한 채 작은 문제를 큰 걱정거리로 만들어 소비자들에게 불안감을 조장하는 소위 '푸드패디즘'은 경계해야 한다.

영양섭취 불균형은 개인이 식습관으로 조절해야 하는 것이지 강제적인 공급 억제로만 해결할 수 있는 일이 아니기 때문이다.

탄산음료 소비를 줄이기 위해서는 강제적인 공급 억제가 아니라 시장논리에 따라 자연스럽게 소비 억제정책으로 이어져야 한다. 소비자들에게 탄산음료의 성분과 건강에 대한 영향을 캠페인 형태로 알리고, 소비자 스스로가 구매 여부를 판단케 해야 한다.

## 재미있는 식품 사건 사고

노래방에서는 알코올이 들어간 주류를 판매할 수 없으므로 이를 대체하기 위해서 무알콜 탄산음료를 판매하고 있습니다. 그런데 이런 음료의 상표들은 대부분 우리에게 잘 알려진 브랜드와 매우 유사한 것으로 음주를 한 상태에 어두운 공간에서는 실제로 식별이 쉽지 않은 경우가 많습니다.

20여 년 전 국내 유명 맥주 제조회사들이 자신들의 상품을 연상시키는 무알콜 탄산음료를 제조 및 수입 판매 회사에 대해서 「부정경쟁방지 및 영업비밀보호에 관한 법률」에 위반된다고 상고한 사건에서 대법원이 국내 맥주 회사들의 주장을 인정한 사건이 있었습니다. 이밖에도 한약을 달여 쌍화차를 만들어 박카스 병에 넣어 판매한 영업자가 청량음료 무허가 제조로 기소된 사건에서 청량음료는 탄산가스가 들어 있어 마시면 시원한 쾌감을 주는 음료로 정의되므로 무죄를 선고한 1970년대 사건도 있었습니다.

# 6) 콜라

콜라가 높은 당(糖) 함량 때문에 정크푸드로 불리며, 건강의 적으로 내몰리고 있다. 중독성이 높아 한번 맛을 본 사람은 쉽게 끊을 수가 없다.

콜라(cola)는 캐러멜로 갈색을 내고 카페인이 들어간 달콤한 탄산 청량음료를 말한다. 1886년 개발돼 130년 역사를 자랑하는 콜라는 초기에 카페인의 공급원인 콜라나무 열매를 사용한 것에서 유래됐다. 콜라의 풍미는 오렌지, 라임, 레몬에서 비롯됐으며, 계피, 호두, 바닐라 등이 첨가되기도 한다. 콜라에는 단맛을 내기 위해 설탕, 옥수수 시럽을 넣는데, 무설탕콜라(다이어트콜라)의 경우, 단맛을 내기 위해 설탕 대신 아스파탐, 스테비아 등 인공감미료를 쓰기도 한다.

전 세계적으로 콜라는 브랜드가 다양한데, 미국의 '코카콜라'와 '펩시콜라'가 가장 유명하다. 각 국가별 소규모 지역브랜드는 특히 많은데, 1900년대에 영국, 남아프리카, 서유럽 국가들에게 인기 있었던 '버진콜라'가 대표적이나, 현재 그 브랜드파워는 약해진 상황이다. 카페인 함량이 높은 독일의 Afri-Cola가 있으며, 체코와 슬로바키아의 코폴라는 코카콜라와 펩시콜라에 이어 3번째로 많이 팔린다고 한다.

쿠바콜라는 스웨덴, 텀스업은 인도, 스타콜라는 가자-팔레스타인, 콜라터키는 터키, 수퍼드링크는 이스라엘과 팔레스타인 자치정부, 잉카콜라는 남아메리카 국가, 투콜라와 트로피콜라는 쿠바, 로얄크라운콜라는 미국과 멕시코에서 팔린다. 우리나라에서는 815콜라가 토종 브랜드로 시판되고 있다.

이 중 '코카콜라(Coca-Cola)'는 전 세계적으로 가장 인지도 높은 상표로 미국과 자본주의를 상징한다. 1886년 미 조지아주 애틀랜타시의 약제사인 펨버턴(1831~1888)박사가 코카의 잎, 콜라의 열매, 카페인 등을 주원료로 한 청량음료를 만들어 상품화했다. 2년 후 그는 이 청량음료 제조, 판매권을 약제도매상인 캔들러에게 당시 화폐로 약 120만 원에 팔았다.

캔들러는 1919년 회사를 설립하고 청량음료 판매를 개시했는데, 현재의 코카콜라 병은 100만달러의 현상금을 받은 유리병공장 직원 루드가 디자인한 것이다. 초기에는 비위생적인 밀봉 때문에 유통에 어려움을 겪었으나, 이후 밀봉 병뚜껑이 발명되고 상품의 질이 개선되면서 수요가 급격히 늘어났다. 코카콜라는 조제법을 공개하지 않고 본사에서 원액을 제조해 계약된 회사에게만 공급하는 프랜차이즈 방식을 아직까지 유지하고 있다.

햄 제조업체인 스팸, 오토바이 생산자인 할리데이비슨 등 대부분의 미국 내 산업체들이 그러하듯 코카콜라사도 제2차 세계대전 중 군수품을 납품하며 급성장했다. 1979년에 중국시장을 뚫었으며, 현재는 2백여 개국에 팔리고 있다. 전 세계적으로 하루에 10억 잔 이상을 팔고 있다고 한다. 우리나라에는 1968년에 들어와 코카콜라 외에 환타, 스프라이트 등의 청량음료를 제조, 판매하고 있다.

경쟁사인 펩시콜라는 미국 노스캐놀라이나주의 약사 브래드햄이 조합한 소화불량 치료약이 원조다. 우리나라의 활명수라 볼 수 있겠다. 초기에는 콜라너트, 바닐라빈즈 등을 원료로 제조해 개발자의 이름을 딴 'Brad's drink'라 불렸으며, 약국에서 제조, 판매됐었다. 콜라너트의 '콜라(Cola)'와 소화효소의 '펩신(Pepsin)'으로부터 유래돼 '펩시콜라'라 이름 붙여졌다 .

펩시는 프랜차이즈 제도의 확대에 따라 1906년까지 미국 전역에 200개 보틀러와 계약해 사업을 시작했다. 제1차 세계대전 후 급격하게 생산 비용이 상승해 브래드햄은 펩시콜라를 매각했다. 이후 약 15년간 어려움을 겪은 후 1930년대 대공황을 맞아 코카콜라 대비 반값 콜라로 승부를 걸어 살아나기 시작했다.

이후 소련(구 러시아) 정부와 판매계약을 체결한 미국의 첫 제품이 됐으며, 마운틴 듀, 7UP을 출시하고 칼로리를 뺀 다이어트펩시를 발매하기 시작했다. 1977년 슈퍼마켓, 편의점 등 소비자 직거래시장에서 처음으로 코카콜라를 앞지르기 시작했으며, 이후 피자헛, 타코 벨, KFC에 독점공급하기 시작하면서 급성장했다 .

콜라는 기호식품, 콜라일 뿐이다. 운동 후나 육류 등 느끼한 고지방, 고단백 식사를 할 때 달콤한 맛이나 탄산의 탁 쏘는 맛을 즐기고 싶거나 카페인의 신경 안정효과를 느끼고 싶을 때 마셔 즐거움과 행복감을 느끼면 그만이다. 그러나 사람들은 콜라를 당(糖)이 많다고 정크푸드라 한다. 콜라는 영양소로 식사대용으로 섭취하는 음식이 아니라 즐거움을 주는 기호식품이다.

기호식품을 식사대용처럼 영양소까지 균형 있게 갖추라고 하는 것은 과욕이다. 기호식품에 너무 많은 욕심을 부려서는 안 된다. 운동 후 당이 필요한 사람들이 당을 섭취하려고 콜라를 먹으려 하는데, 당이 많다고 콜라를 못 팔게 하는 것은 시장논리에도 맞지 않다.

정부는 콜라의 안전성을 확보하고, 당과 카페인 함량을 정확히 표시토록 제도적 장치를 마련하고 철저히 관리하면 된다. 소비자는 표시를 읽고 당과 카페인 함량을 확인해 이를 즐기고 싶은 사람은 레귤러콜라를 구매하고, 다이어트를 하거나 당뇨병이 우려되는 사람은 다이어트 콜라나 다른 청량음료, 과일음료 등을 대체 구매하고 지나치지 않게 적당량 섭취하면 된다. 콜라는 식사대용이 아닌 기호식품이다. 사람에게 즐거움과 행복감을 주는 매개체이므로 먹지 못하게 막을 것이 아니라 적절한 섭취습관을 갖고 조절할 줄 아는 영리한 소비자가 돼야 한다.

100년 이상의 역사를 가진 콜라는 과거 1940년대 미국에서 탄산 과다 주입으로 유통과정에서 폭발하는 사고가 있었습니다. 현재의 과학적 공정과 달리 과거에는 제조공정을 근로자가 수작업으로 관리했기 때문에 기기 조작 오류로 발생한 사건이라고 생각됩니다.

이런 사건은 1975년 국내에서도 발생한 적이 있는데, 사건 기록을 보면 콜라 제조회사에서 근로자가 탄산가스를 과다하게 주입시켜 발생한 것으로 지금과 같은 자동공정시스템에서는 발생할 확률이 '0'에 가깝다고 생각됩니다.

이 밖에도 40대 여성이 콜라회사를 상대로 20억을 요구했다가 이를 받아들이지 않자 콜라에 독극물을 주입했고 실제로 2006년에 한 소비자가 이를 마시고 중태에 빠진 사건도 있었는데 실제 콜라 제조와는 상관없는 사건이었지만 이로 인해 일시적으로 콜라 매출이 감소하고 해당 기간에 제조된 콜라가 전부 폐기되기도 했습니다.

# 7) 커피

세계 커피제품 시장규모는 2015년 기준으로 1,256억 달러, 즉, 약 130조 원 수준으로 일본이 전체 시장의 30.9%, 미국이 17.2%로 가장 큰 시장이다. 우리나라도 최근 급성장하고 있으나 적은 인구로 내수 시장이 한정적이라 1.5% 정도의 비중을 갖고 있다.

우리나라 커피제품 시장은 2016년 기준 2조 4,041억 원 규모인데, 이중 커피음료가 절반으로 가장 큰 비중을 차지한다. 2014년의 경우 조제 커피(믹스커피)가 점유율 1위(45.9%)를 기록했으나, 최근 설탕에 대한 부정적 인식과 카제인나트륨 등 커피 프림이 건강에 좋지 않다는 인식이 확산되면서 매출이 감소해 커피음료에 정상을 내 주고 2016년에는 점유율 2위로 떨어졌다.

최근 캡슐커피와 커피음료가 급신장 중인데, 이는 홈카페 열풍과 소비자의 프리미엄 커피 선호현상에 기인한 것으로 보인다. 수출의 경우, 98.3%가 인스턴트커피와 조제커피인데, 한국 믹스커피의 선호가 높은 러시아(25.4%), 중국(17.3%), 그리스(11.6%)가 전체 수출액의 54.3%를 차지한다.

커피가 좋아 하루에 여러 잔씩 보리차처럼 마시는 사람이 많아졌다는 얘기다. 우리 소비자들은 커피를 주로 점심식사 후(27.6%) 가장 많이 마시며, 출근 후 또는 오전에 혼자 있는 시간(20.4%)이 그 뒤를 이었다. 자주 마시는 장소는 회사(34.1%), 집(26.0%), 커피전문점(23.7%) 순이었다고 한다.

커피는 14세기 말 아라비아인들이 커피 생두(green bean)를 볶아 먹기 시작했는데, 유럽에서는 이교도의 음료로 거부되다가 교황 클레멘트 8세가 세례를 내려 기독교인도 마실 수 있게 됐고, 우리나라에서는 고종황제가 처음 마셨다고 전해진다. 생두를 건조시키고, 300~400℃에서 볶으면 '원두(coffee bean)'가 되고, 이를 분쇄하면 '레귤러커피'가 된다. '인스턴트커피'는 제2차 세계대전 이후에 보급됐으며, 분무건조한 '분말커피'와 동결건조한 '과립커피'가 있다.

그러나 많은 사람들은 이러다 우리나라 전체가 카페인 중독이 되는게 아닌가? 몸에 해로울 정도로 마시고 있는 게 아닌가? 걱정하며, 하루에 커피를 몇 잔까지 마시면 괜찮은지 자주 묻곤 한다.

일반적으로 커피의 위험성이라고 하면 카페인을 말한다. 카페인 (caffeine)은 코카인, 암페타민 등과 같이 흥분제 성분으로 분류된다. 콜라, 초콜릿 등에도 함유돼 있을 뿐만 아니라 감기약, 진통제, 식욕억제제 등 의약품에도 광범위하게 사용된다. 그러나 실제 카페인의 75% 이상은 커피를 통해 섭취된다고 한다.

카페인은 섭취량이 적은 편이고, 따로 식품에 첨가하는 물질이 아니어서 미 식약청(FDA)에서도 안전한 식품첨가물 목록인 'GRAS(Generally Recognized As Safe)'로 분류하고 있다. 우리나라 또한 법적으로 허용된 식품첨가물인데, 모든 음식이 그렇듯 선(善)과 악(惡), 두 얼굴을 갖고 있어 걱정한다.

카페인을 과잉 섭취하면 불안, 메스꺼움, 구토 등이, 중독 시에는 신경과민, 근육경련, 불면증 및 가슴 두근거림, 칼슘 불균형 등이 나타날 수 있기 때문이다.

그러나 커피를 마시면 피로가 덜해지고 정신이 맑아지며, 이뇨작용을 통한 체내 노폐물 제거에 도움을 주는 좋은 면도 있다. 그 외 장관에서 위산 분비를 촉진하고 연동운동을 도와주며 호흡기관의 근육피로를 완화시켜 호흡을 편하게 해 주기도 하며, 예전 서양에서는 진한 커피를 천식치료제로 사용한 적도 있었다.

일반적으로 커피는 하루 넉 잔까지는 인체에 해를 끼치지 않는다고 한다. 물론 반 잔만 마셔도 가슴이 두근거리는 사람도 있고 다섯 잔 이상을 마셔도 잠을 잘 자는 사람도 있다.

그렇지만 커피가 다 같은 것이 아니다. 커피콩의 종류와 커피의 양, 온도 등 내리는 방법에 따라 카페인의 함량이 다르고, 그 위해성 또한 달라진다.

단순히 커피 몇 잔까지 괜찮다가 아니라 어떤 커피를 어떻게 마셨느냐에 따라 두 잔이 될 수도 있고 다섯 잔이 될 수도 있다. 전 세계인이 매일 섭취하는 카페인 양은 평균적으로 70mg, 세계에서 가장 많이 마시는 미국인은 211~238mg이라고 한다.

평균적으로 카페인의 인체 위해성이 없는 '일일섭취허용량(ADI)'은 '성인 1인당 400mg 이하, 임산부는 300mg 이하, 어린이는 2.5mg 이하'로 정해져 있다. 원두커피 한 잔에는 약 115~175mg의 카페인이 함유돼 있고, 자판기 인스턴트커피 한 잔에는 60mg, 콜라 한 캔(355ml)에는 46mg, 카페인이 제거된 '디카페인커피' 한 잔에는 2~5mg이 함유돼 있다. 즉 카페인 ADI를 초과하지 않는, 하루에 마셔도 되는 안전한 커피 섭취량은 디카페인커피는 전혀 걱정할 바가 아니며, 대략 '원두커피로 세 잔, 인스턴트커피로 다섯 잔 이내'라 보면 된다. 우리 국민이 평균적으로 매일 한 잔 정도의 커피를 마신다고 하니, 아직은 커피 섭취를 그리 걱정할 정도는 아니라 생각된다.

카페인은 정상적인 사람에게는 양에 따라 약이 될 수도, 독이 될 수도 있다. 그러나 어린이와 임산부는 주의해야 한다. EU, 호주, 대만 등 선진국에 이어 우리나라도 2014년 2월부터 식품 중 '고카페인 함유 식품'에 대해서는 표시를 하고 있어 얼마든지 주의만 기울인다면 섭취량 조절이 가능하다. 커피는 기호식품이다. 말 그대로 당길 때 편하게 먹으면 된다. 지나치게 탐닉하지만 않는다면 독과 약을 넘나들며 건강하게 맛과 향을 즐길 수가 있다고 본다.

최근 소위 아메리카노라고 불리는 원두커피가 대세이지만 국내에서는 전통적으로 커피, 설탕, 프림이 혼합된 '인스턴트커피' 즉, '다방커피'가 주류였습니다. 이런 커피를 대량생산에 성공한 것이 바로 '커피믹스'입니다. 1970년대 커피 맛을 잘 모르던 시절에는 커피의 진한 색과 맛을 내기 위해서 커피 한 잔마다 담배 한 개비를 넣어서 끓인 후 판매하다가 적발된 사건도 있었습니다.

당시 주방장과 다방 주인이 공모해서 벌인 일인데, 지금의 관점에서 보면 어처구니가 없지만 당시에는 커피에 대한 맛과 이해가 그만큼 부족했기 때문에 가능한 사건이기도 했습니다. 아마도 지금은 담배가 더 비싸져 넣기도 어려울 겁니다.

# 8) 초콜릿

초콜릿(chocolate)은 숙성한 카카오 콩을 볶은 뒤 갈아서 코코아 버터를 혼합하고 설탕 등을 넣어 만든 가공식품으로 영양가가 높고, 지방도 많이 함유하고 있다. 카카오나무는 25~57개의 럭비공 모양 열매에 향기는 없지만 희고 밝은 노란색을 띠는 꽃을 피운다. 이 열매 속의 씨가 바로 카카오 콩이다.

초콜릿은 2600년 전 마야문명의 발생지인 중앙아메리카에서 음료로 마셨던 것이 그 기원이다. 카카오 원두의 원산지는 남아메리카 아마존강 유역과 베네수엘라 오리노코강 유역으로 알려져 있으며 멕시코 원주민들이 음료와 약용으로 귀하게 여겨 화폐로도 사용했다고 한다.

콜럼버스가 처음으로 코코아 콩을 스페인 왕에게 바쳐 유럽에 소개했지만 널리 퍼뜨린 것은 17세기 중반 에르난 코르테스였다. 19세기 초 네덜란드인 판 하우텐이 지방분을 압착하고 설탕을 혼합해 고형화에 성공함으로써 지금과 같은 초콜릿 모양을 만들어냈는데 밀크초콜릿은 1876년 스위스인 다니엘 피터스가 만들었다. 초콜릿은 가공성형이 쉽고 무엇이든 속에 넣을 수가 있어 종류도 다양하다.

초콜릿은 카카오 매스의 함량에 따라 다크, 밀크, 화이트초콜릿으로 구분된다. 우리나라의 법적 분류는 재료에 의한 것인데 '초콜릿'은 코코아고형분 35% 이상(코코아버터 18% 이상, 무지방 코코아고형분 14% 이상)인 것을 말한다. 코코아 고형분 함량에 따라 '스위트초콜릿'(30% 이상), '밀크초콜릿'(25% 이상)으로 나뉘며 '화이트초콜릿'은 코코아버터 20% 이상, 유고형분(우유에서 수분을 제거한 나머지) 14% 이상을 말한다.

모양으로 분류하면 '판초콜릿'이 가장 일반적인데 1830년부터 유럽에서 몰딩이 기술적으로 가능해지면서 단단한 판형 모양으로 만들어졌다. 판형초콜릿은 천연초콜릿에 개암, 아몬드, 튀긴 쌀, 아몬드 반죽 등을 넣어 그 종류가 다양하다. 허쉬초콜릿, 가나초콜릿이 대표적이다. '쉘초콜릿'은 초콜릿을 틀에 넣고 겉(shell)을 만들어 그 속에 크림, 잼, 너트류, 과일 등을 넣어 초콜릿 뚜껑을 씌운 것이다. '할로초콜릿'은 안이 비어 있는 초콜릿으로 인형, 동물, 알 등의 형태를 한 것이다. '팬워크초콜릿'은 회전솥 안에서 중심 부분이 되는 너트류나 캔디류에 초콜릿을 넣어 만든 알갱이 형태의 초콜릿으로 M&M's 초콜릿이 대표적이다.

'다크초콜릿'은 적포도주, 녹차, 홍차보다도 항산화 물질인 폴리페놀, 플라보노이드가 더 많이 들어 있으며 예전 스페인에서는 피로 해소, 강장, 영양 등의 효능을 보기 위해 많이 먹었다고 한다. 그러나 다량의 카페인을 함유하고 있어 안전문제가 제기되고 있다.

최근에는 카페인 외에도 유통기한 위반이나 비위생적인 환경에서 제조되는 등 부정적인 뉴스도 간간이 보도된다. 그중에서도 특히 유통기한 경과 직전 과자 등에 원료로 재사용되는 문제가 크게 불거져 있다. 이것은 물론 합법이지만 안전문제가 따라다니기 때문에 걱정스럽다.

유사한 사건으로 2014년 10월 유통기한이 하루 남은 냉동 닭을 튀겨 재포장한 후 유통기한을 1년 연장한 업체가 보도된 바 있으나 적법한 것이라 처벌받지 않았다고 한다. 완제품이 '원재료'로 쓰여 재가공되면 유통기한 연장이 합법적으로 가능하기 때문이다. 초콜릿의 미생물 문제는 걱정하지 않아도 되지만 지방함량이 높은 식품이라 산패가 문제시된다. 유통기한이 임박한 초콜릿이 다른 가공식품의 원료로 재사용된다면 주의해야 하며 조속한 대책 마련이 필요하다고 생각한다.

## 재미있는 식품 사건 사고

최근에는 다양한 건강식품이 유행을 타고 있는데, 그 중 하나가 바로 카카오닙스입니다. 카카오닙스는 초콜릿의 원료가 되는 카카오 빈을 발효, 건조, 볶은 후 껍질을 분리하고 잘게 부수어 놓은 형태인데, 초콜릿 재료로도 사용되지만 실제로는 건강식품으로 많이 판매되고 있습니다.

그런데 단순 식품임에도 불구하고 최근 다이어트에 효과가 있다거나 특정 질병 예방이나 치료에 효과가 있다는 허위·과대광고로 인해 처벌받는 영업자가 늘어나고 있는 추세입니다. 몸에 좋은 식품임에는 틀림없지만 적정량을 꾸준히 섭취할 때 건강에 좋은 것이지 체중 조절이나 특정 질병에 효과가 있다는 광고는 모두 거짓이므로 구매자들은 주의해야 할 것입니다.

# 9) 아이스크림

최근 아이스크림 시장이 뜨겁게 달아오른다. 국내뿐 아니라 수출도 많이 한다. 특히, 아이스크림 시장은 건강과 안전에 대한 관심 증가와 웰빙 트렌드에 따라 요거트 함유 프리미엄, 유기농, 천연원료, 첨가물 무첨가, 1회 제공량을 줄인 소포장이 각광받고 있다. 한편으로는 유통기한이 없어 무한정 뒀다가 먹어도 되는지 불안해하는 소비자가 많은 것도 사실이다.

아이스크림은 수천 년 전 어느 추운 겨울밤 우연히 우유를 문밖에 두었다가 발견했을 것으로 추정되는데, 기원전 4세기경 알렉산더 대왕이 셔벗 스타일로 눈에 우유와 꿀을 섞어 먹었던 것이 기원이라는 설도 있고 3,000년 전 중국에서 눈에 향을 넣은 셔벗 형태의 거친 아이스크림이 최초라는 이야기도 있다. 그러나 1292년 마르코 폴로가 중국 원나라에서 유럽으로 전해 1550년 무렵 지금의 아이스크림 형태로 진화됐다는 것이 가장 유력하다.

우유 크림에 달걀노른자와 감미료를 섞어 냉동시킨 부드러운 얼음 결정 입자의 아이스크림 제품이 만들어지기 시작한 것은 1774년 프랑스 루이 왕가의 요리사가 시초라 한다. 처음엔 이것을 '크림아이스'라고 불렀으나, 이후 농축유, 연유, 분유가 추가로 첨가되고 냉동제조기가 개발됨으로써 대량생산됐다. 미국 4대 대통령인 제임스 매디슨이 '크고 빛나는 분홍빛 돔'이라는 딸기 아이스크림을 백악관 국빈 만찬에 내놓기도 했었다.

이후 아이스크림은 200년간 부유층의 전유물로 이어져 오다가 1851년 미국 볼티모어에서 농장을 경영하던 제이컵 퍼셀이 남은 크림을 얼려서 보관하기 시작하면서 대중화됐다고 한다.

초기에는 나무 들통에 얼음을 담아 소금을 뿌려 흡열효과를 일으키면서 손으로 돌려 만드는 것이 전통적인 제조법이라 세게 휘젓지 않으면 아이스크림이 되지 않아 만들기가 어려웠다. 1870년대 독일 엔지니어 린데가 냉동기술을 개발해 얼음 저장의 부담을 덜어 아이스크림의 대량생산 기틀을 다졌고, 이후 1926년 냉동고가 출현하면서부터 대량생산 체제에 돌입했다고 한다. 우리나라에서는 1970년대부터 빙과 붐이 일어났다.

특히 아이스크림은 냉동제품이라 저장성과 안전성이 매우 뛰어나다. 그래서 유통 시 제조일자만 표시되고 유통기한이 따로 없다. 오랫동안 얼려뒀다가 먹어도 안전성에는 문제가 없는 음식이라는 얘기다. 물론 유지방이 많아 오랜 보관 시 산패가 서서히 일어나지만 이는 품질의 문제지 안전문제는 아니다. 아이스크림은 높은 당 함량으로 하나만 먹어도 섭취권장량을 초과하기 일쑤여서 비만이나 심혈관계 질환의 원흉으로도 여겨지고 있다.

그렇다고 "아이스크림에 당(糖)을 빼라, 줄여라!"고 강제해서는 안 된다고 생각한다. 아이스크림은 '기호식품'일 뿐이다. 밥처럼 먹는 식사대용이 아니라 먹는 즐거움과 행복을 주는 식도락(食道樂)용 음식이다. 모든 음식은 좋고 나쁜 양면성을 갖고 있고, 양(量)이 독(毒)을 만든다. 같은 값이면 맛없게 많이 먹는 것보다 맛있게 덜 먹는 게 좋다.

특히 우리나라에서는 가격이 비싸 아이스크림을 탐닉하기란 쉽지 않다. 물론 일부 지나친 중독성 소비자는 우려되지만 일반적인 섭취량과 섭취습관으로 미루어 볼 때 우리나라 국민이 아이스크림을 먹으며 건강을 걱정할 정도는 아직은 아니라고 생각한다.

## 재미있는 식품 사건 사고

아이스크림은 냉동식품이라 유통기한의 문제가 없어서 위생적인 문제 발생 사례가 없습니다. 다만, 학교 주변 문방구나 식품판매점에서 아이스크림 제조기를 설치하고 판매하는 경우, 「식품위생법」에 규정된 휴게음식점 영업신고를 해야 한다고 판단한 검찰이 영업자를 기소한 사건이 있습니다.

대법원은 단순히 아이스크림 기계를 사용해서 즉석으로 만들어 판매하는 것은 조리 등에 해당되지 않으므로 영업신고 대상이 아니라고 판결하였습니다.

이런 대법원 판결은 끓는 물만 고객에게 제공하고 고객이 직접 컵라면에 물을 부어 먹을 수 있도록 장소만 제공한 편의방 영업주가 조리를 한 것이 아니므로 휴게음식점 영업 신고를 하지 않아도 된다는 것과 같은 취지라고 생각됩니다.

# 10) 장류

## (1) 간장

'간장(Soy sauce)'은 콩(대두, 메주콩)을 삶아 메주를 만들고 곰팡이가 피게 해 단백질을 펩타이드와 아미노산으로 분해시킨 후 물러진 메주를 물에 띄워 소금을 풀고 메주를 우려낸 국물을 항아리에 담아 발효시킨 것이다.

간장은 소금의 짠맛과 콩에서 우러난 아미노산의 감칠맛, 당류의 단맛, 그리고 유기산과 각종 향기성분들이 조화를 이루는 우리의 역사와 함께한 전통 조미식품이다. 이는 0.6~0.9%의 질소, 1% 내외의 당분과 10% 가량의 고형분, 20% 내외의 소금을 함유하며, 아미노산의 분해산물인 '멜라닌'과 '멜라노이딘' 성분에 의해 갈색을 띤다. 간장 고유의 맛은 'β-메틸메르캅토프로필알콜'에 의해 생기며, 냄새는 알코올, 알데히드, 케톤, 휘발성산, 에스테르, 페놀 등의 혼합물로 만들어진다.

고구려 고분인 안악삼호분(安岳三號墳)의 벽화에 우물가의 장독대가 보이고, 삼국사기에서 683년 신문왕이 왕비를 맞이할 때 폐백품목 중 간장과 된장이 기록돼 있는 것으로 미뤄 장류의 사용을 짐작할 수 있다.

고려사의『식화지(食貨志)』에는 1018년(현종 9년)에 거란의 침입으로 굶주림과 추위에 떠는 백성들에게 소금과 장을 나누어주었다는 기록이 있다. 구휼식품에 쌀, 조 등 곡물과 함께 장이 들어있어 고려시대에 이미 장류가 필수 기본식품으로 정착됐다고 생각된다.『규합총서』에는 장 제조법뿐만 아니라 장 담그는 날 택일법, 금기사항, 보관관리법 등도 기록돼 있다고 한다.

간장은 주원료와 제조방법에 따라 재래식과 개량식으로 구분한다. '재래식간장'은 자연곰팡이로 콩 단백질을 분해한 재래식 메주에 소금물을 가해 발효, 숙성시켜 간장과 된장을 동시에 만든다. '개량식간장' 즉, '양조간장'은 대두, 탈지대두와 곡류 등에 별도의 누룩 균을 인위적으로 접종, 배양하여 식염수를 섞어 발효, 숙성시킨 것이다.

'산분해간장'은 '아미노산간장'으로도 불리며, 탈지대두 분말 또는 밀 글루텐을 염산으로 가수분해한 후 알칼리로 중화하여 생산한다. 양조간장에 비해 제조시간 및 원가 절감의 장점이 있으나, 풍미가 상대적으로 좋지 않다.

간장은 농도에 따라 진간장, 중간장, 묽은간장으로 나뉘는데, 각각 짠맛, 단맛의 정도와 빛깔이 달라 음식별 사용 용도가 다양하다. 담근 햇수가 1~2년인 '묽은간장'은 국을 끓이는 데, '중간장'은 찌개나 나물을 무치는 데, 담근 햇수가 5년 이상인 '진간장'은 달고 거무스름해 약식(藥食)이나 전복초 등에 쓰인다.

또한 간장은 다양한 생리활성을 갖는 것으로 알려져 있다. 갈증이 심할 때 냉수에 간장을 타서 먹으면 효과가 있다고 하고, 뜨거운 기름에 화상을 입었을 때 간장을 화상 부위에 바르면 통증이 가라앉는다고 한다. 양조간장의 효모 발효산물인 펩타이드는 항암, 항산화, 항고혈압 활성을 나타낸다는 보고도 있다. 특히 '메티오닌'은 알코올, 니코틴 등의 체내 해독작용을 돕는다고 한다.

그러나 간장을 포함한 대부분의 발효식품에는 '에틸카바메이트'라는 발암물질이 생성된다. 이는 일명 '우레탄'으로 알려져 있는 무색, 무취의 백색분말이며, 마취제로 사용돼 왔다. 국제암연구소(IARC)에서는 이를 1987년 인간에게 암을 일으킬 가능성이 있는 2군 발암물질(Group 2B)로 분류했었으나, 2007년부터 인간에게 유력한 발암물질인 Group 2A로 상향 조정했다.

게다가 간장은 약 20% 가량의 소금을 함유해 나트륨에 의한 고혈압, 당뇨병, 심혈관 질환, 위암, 골다공증 등의 위험이 우려되는데, 특히, 고혈압은 '동맥경화-협심증(심근경색)-뇌졸중-사망'으로 연결되는 시발점이라고 한다. 골다공증 또한 과다 섭취된 나트륨이 소변으로 배설될 때 칼슘이 함께 빠져나가서 혈중 칼슘농도를 낮추고 이를 보상하기 위해 뼈 속 칼슘이 빠져 나와 골밀도를 약화시킨다는 것이다.

이런 나트륨의 문제는 냉장, 냉동고가 없던 예전에 콩 등의 식품원료를 보존할 목적으로 사용돼 대부분의 전통식품은 소금함량이 높을 수밖에 없었다. 그러나 장류는 밥상에 부재료로 소량 사용되므로 나트륨이 주는 인체 건강문제는 그리 걱정할 필요가 없을 것으로 생각된다.

## (2) 고추장

고추(*Capsicum annuum L.*)는 열대 아메리카가 원산지로 미국 남부에서 아르헨티나 사이에 주로 분포한다. 멕시코에서는 기원전 6,500년경 유적에서 고추로 추정되는 것이 출토됐었으며, 페루에서는 기원전 1세기경 유적에서 인디언의 옷에 그려진 고추 모양이 발견된 적이 있다. 이 고추는 콜럼버스가 미 대륙에서 발견해 에스파냐로 가져가 다양한 이름으로 유럽에 전파시켰다고 한다.

인도에는 1542년에 소개됐으며, 16세기에 동양으로 전파된 후 17세기경에는 동남아시아에 많은 품종이 재배되기 시작했다. 명조 말기에 중국에 전파됐고, 일본에는 1542년 포르투갈인이 담배와 함께 전파했다는 남방도입설과 임진왜란 때 한국에 왔던 장수 가등청정(加藤淸正)이 일본으로 가져갔다는 북방도입설이 있다.

1614년(광해군 6년)『지봉유설』에 '고추(만초)'가 일본에서 전래된 '왜개자(倭芥子)'라는 기록이 있는 것으로 보아, 일본을 거쳐 한국에 전해진 것으로 추측된다. 1850년대 이재위의『몽유』에는 오랑캐가 고추를 전래했다는 내용이 있다.

또한 홍만선의 『산림경제』(1715년)에도 고추의 재배지, 재배법, 품종별 특징 등이 기술돼 있는 것으로 보아 이 시기에 종자가 중국에서 도입되면서 지역특성에 맞는 재래종이 분화된 것으로 추정하고 있다. 고추는 일본과 중국 양쪽 모두에서 다양한 품종이 우리나라로 들어 왔고, 교잡을 통해 오늘에 이르렀다고 생각된다.

'한국식품연구원'과 '한국학중앙연구원'에서는 한국, 중국의 고문헌을 분석해 고추장에 대한 기록을 15세기 초 문헌에서 찾아냈다고 하는데, 1433년 세종 15년 발간된 『향약집성방』과 1460년 세조 6년에 발간된 『식료찬요』에 등장하는 '초장'이라는 표현이 고추장이라고 한다. 조선시대 어의 이시필(1657년~1724년)의 『소문사설』에는 순창고추장의 제조법이 최초로 기록돼 있다. 1766년 영조 42년 유학자 유중림이 홍만선의 『산림경제』를 보충한 농업서적인 『증보산림경제』에서도 고추장 담그는 법에 관한 기록이 등장한다.

전래된 장류 중 가장 뒤늦게 먹기 시작한 고추장은 고추가 도입되면서 정착된 것으로 보인다. 현재 고추장의 제조법으로는 종균을 이용해 코지를 만든 다음 공장에서 대량 생산되는 '공장형 고추장'과 야생미생물에 의해 자연발효된 메주를 이용해 생산하는 '전통고추장'으로 구분된다. 고추장 발효에 관여하는 발효균은 고초균($B.\ subtilis$)과 효모(yeast)인데, 고추장 보관 시 끓어오르는 이유는 바로 효모가 알코올 발효와 동시에 이산화탄소를 만들기 때문이다.

고추장은 우리의 독특한 발효식품으로 다른 장류에 비해 당분과 단백질 함량이 높고 비타민 $B_2$, 비타민 C, 베타카로틴 등 영양성분을 많이 함유하고 있다. 고추장은 콩으로부터 단백질과 구수한 맛을 얻고, 찹쌀, 멥쌀, 보리쌀 등 곡물에서 당질과 단맛을 얻으며, 고춧가루에서 색과 매운맛, 간장과 소금에서 짠맛을 얻는다.

고추의 매운맛은 입안과 위를 자극해 체액 분비를 촉진하며, 식욕 증진 및 혈액순환 촉진작용이 있어 향신료, 건위제, 외용약 등으로 쓰이기도 하며 식용색소나 보존료 용도로 쓰이기도 한다. 또한 고추장의 매운맛을 내는 '캡사이신(capsaicin)' 성분은 체지방 감소에 효과가 있다고 한다. 고추장은 콩으로 만든 메주와 찹쌀을 기본원료로 사용함으로써 콩 유래 항암기능성, 동상 예방과 신경통에 좋은 효과가 있다고 알려져 있다.

그러나 고추장의 안전성 문제로는 곰팡이독과 과량의 소금에 기인한 나트륨 문제가 있다. 간암을 유발하는 곰팡이독인 '아플라톡신'이 고추장에서 검출된 보고가 있다. 그러나 고추장의 섭취량과 고추장에 오염된 위해요소들의 검출 수준으로 볼 때 인체 위험성을 주지는 않을 것으로 생각되니 건강에 대한 괜한 걱정은 할 필요가 없다고 생각된다. 소비자는 고추장의 안전성 이슈에 대해 그리 신경 쓰지 말고 맛과 영양, 기능성 등 좋은 면을 보고 식도락을 즐기는 전략적 사고를 가져야 한다.


## (3) 된장

된장은 원래 간장과 된장이 섞인 걸쭉한 형태의 '고려장'으로 불렸던 것으로 추측된다. 된장과 관련된 중국인들의 기록에 "고려인은 발효식품을 잘 만든다"고 하여 우리 된장냄새를 '고려취'라 불렀다고 한다.

우리나라에서 콩을 재배하기 시작한 시기는 철기시대 초기였고, 선사시대부터 콩이 많이 나 콩을 보존하기 위해 소금을 넣고 장을 담갔을 것으로 추측된다. 삼국시대에는 메주를 쑤어 여러 종류의 장을 담고 맑은 장도 떠서 먹었다고 한다.

우리나라 전통 장류의 기원은 확실치 않으나 중국 문헌인 『삼국지 위지동이전』에 고구려 사람들이 '장양'을 잘한다고 기록되어 있다. 장양은 장 담그기, 술 빚기 등 발효식품을 총칭한 것으로 해석된다. 우리나라 최초의 장에 관한 기록은 『삼국사기(三國史記)』(1145)에 나오는데 신문왕이 왕비를 맞이할 때 "폐백품목에 쌀(米), 술(酒), 기름(油), 장(醬), 꿀(蜜), 시(豉), 포(脯), 혜(醯) 등 135수레를 보냈다"는 내용에서 그 당시 장류가 중요한 필수음식으로 인식됐음을 알 수 있다.

『해동역사』에도 발해에서 된장을 만들었다는 기록이 있으며, 문종 6년(1052년)에는 개경의 굶주린 백성 3만 명에게 쌀, 조, 된장을 내렸다는 기록도 있다. 조선시대에 들어와서는 장 담는 방법에 대한 구체적인 문헌도 등장한다. 『구황보유방』에는 된장의 메주는 콩과 밀을 이용해 만든다는 제조법도 나온다. 콩으로 메주를 쑤는 방법은 『증보산림경제』에서 언급되기 시작해 오늘날까지 된장 제조의 기본이 되고 있다.

된장은 숙성 중 효소작용으로 탄수화물이 당으로 변해 단맛을 내고, 당 일부는 효모에 의해 발효돼 알콜로 변하며, 젖산균에 의해 생성된 유기산이 신맛을 준다. 특히, 알코올과 유기산에 의해 생성된 에스터류는 된장 특유의 향미를 내고, 단백질은 펩타이드와 아미노산으로 분해돼 구수한 감칠맛을 주며, 소금으로 짠맛을 줘 다양하고 오묘한 맛을 내게 된다.

'식품공전'에서는 제조법에 따라 '한식된장'과 '된장'으로 분류한다. 한식된장은 "한식메주에 식염수를 가해 발효한 후 여액을 분리하거나 그대로 가공한 것"을 말하며, 된장은 "대두, 쌀, 보리, 밀, 탈지대두 등을 주원료로 하여 제국한 후 식염을 혼합하여 발효, 숙성시킨 것 또는 메주를 식염수에 담가 발효하고 여액을 분리해 가공한 것"으로 정의한다. 즉, 곰팡이 종균으로 자연균을 활용하느냐 선별된 종균을 사용해 인위적으로 만드느냐에 따라 전통된장과 개량된장으로 구분하고 있다.

'한국산업규격(KS)'에는 된장 종류를 원료에 따라 두 가지 종으로 구분하는데, '1종'은 콩만을 주원료로 한 것이고, '2종'은 단백질 원료에 전분질 원료를 섞은 것을 말한다. 식품공전보다 KS가, 그리고 1종이 2종보다 조단백질, 조지방, 포르몰태질소 함량이 높은 것이 특징이다.

된장은 예전에 식욕을 돋우는 음식인 동시에 소화력이 뛰어나 약처럼 쓰였다고 한다. 민간요법에서는 체했을 때 된장을 묽게 풀어 끓인 국을 먹여 체한 기를 풀었다고 한다. 게다가 된장은 식이섬유가 풍부해 비만과 변비 예방에도 효과적이며, 장의 연동운동을 촉진시켜 준다고 한다.

콩 속의 레시틴은 뇌기능 향상효과가 있으며, 사포닌은 혈중 콜레스테롤 수치를 낮추고 과산화지질의 형성을 억제해 노화 및 노인성치매를 예방한다고 한다. 특히 된장은 항암효과가 탁월한 것으로 알려져 있는데, 대한암예방협회의 암 예방 15개 수칙 중에도 된장국을 매일 먹으라는 항목이 들어있을 정도다.

된장은 크게 안전문제를 일으키는 식품은 아니지만, 결국 다량의 소금 첨가로 인한 나트륨 문제와 콩에서 발생할 수 있는 곰팡이독 문제가 있을 수 있다. 그러나 소금이라는 보존료가 들어 있고, 섭취량이 적은 부재료라 안전 문제는 크게 염려하지 않아도 될 것으로 생각된다.

## (4) 청국장

21세기 첨단과학시대에 사는 우리에게 청국장(淸國醬)만큼 시골스러우면서도 과학적인 식품은 보기 드물다. 청국장은 주로 가을부터 이른 봄까지 먹는 계절식품인데, 사계절 상용되는 된장, 고추장, 간장, 혼합장과는 달리 시장이 크지 않아 영세한 가내수공업이 대부분이다. 청국장은 예로부터 콩을 안전하고 맛있게, 영양원으로 활용하기 위해 충분히 가열처리한 후 '고초균(枯草菌, *Bacillus subtilis*)' 등 미생물이 발효작용을 일으켜 조직을 연화시켜 소화성을 높인 콩 발효식품이다.

오늘날 청국장이라 부르는 명칭의 유래에 대해서는 명확한 기록은 없으나 1970년대『증보산림경제』와 1815년『규합총서』에 '전국장(戰國醬)'이라는 명칭이 있고, 그 제법도 소개돼 있어 전시(戰時)에 필요할 때 빨리 제조, 이용할 수 있어 전국장이란 용어를 사용한 것으로 추정된다. 이후 전국장이 청나라로부터 전래되었다는 의미에서 전국장을 청국장이라고 부르게 된 것이 아닌가 추측된다.

청국장은 전통 대두 발효식품류 중 가장 짧은 2~3일 만에 완성할 수 있으면서도 그 풍미가 독특하다. 청국장은 단백질 섭취량이 비교적 적은 한국인에게 예로부터 단백질의 중요한 공급원이었으며, 된장이나 고추장보다 단백질과 지방함량이 높은 고 영양식품이다.

청국장은 미생물의 활동으로 새로운 영양소를 생성하며, 혈전용해능, 혈압 및 지질대사 개선효과, 항암효과 등 생체조절기능이 있다. 대두발효는 고초균에 의해 이루어지는데, 이 균은 장내 부패균의 활동을 약화시키며 병원균을 억제하고 유해물질을 흡착, 배설시키는 작용을 한다고 한다.

청국장이 발효되면서 생성되는 끈적끈적한 성분은 폴리글루타민산이라는 아미노산과 프락탄이라는 다당류가 결합된 물질이다. 발효 중 특히 혈액을 응고시키는 단백질의 합성에 필요하고 뼈 생성에 관여하는 비타민 $B_2$가 현저히 증가되며, 혈액을 응고시키는 단백질의 합성에 필요하고 뼈 형성에 관여하는 비타민 K(menaquinone)도 생성된다.

청국장은 원료인 콩이 갖는 영양성 이외에도 인체의 건강증진을 위한 생리활성 물질이라고 알려진 식이섬유, 인지질, 이소플라본, 페놀, 사포닌 등이 들어 있어 동맥경화, 심장병, 당뇨병 예방효과, 노인성치매 예방효과, 항암효과(유방암, 대장암, 폐암 등), 골다공증 억제 등의 성인병 예방효과가 있다고 한다.

청국장으로 조리할 때 나는 독특한 냄새는 청국장의 발효과정 중 생기는 휘발성물질과 암모니아 성분에 기인한다. 이 냄새는 식생활과 주거문화가 급격히 서구화되고 있는 현대에 어린이와 신세대가 싫어하는 경우가 많아 청국장의 소비를 늘이는 데 큰 걸림돌이 되고 있다.

청국장의 소비 증대를 위해서는 첫째, 소비자의 입맛에 맞는 다양하고 대중화된 제품개발이 필수적이다. 현대 식생활에 어울릴 수 있도록 향과 맛의 개선, 기호성 향상, 기능성이 높은 식품으로 개발해야 한다.

둘째, 품질과 안전성 확보를 위한 청국장 대량생산시스템을 갖춰야 한다. 식생활 습관이 우리와 유사한 일본이 청국장을 극성스럽게 애식하고 있어 일본이 장수의 나라가 됐다는 연관성과 최근 웰빙 분위기에 편승해 뜨고 있는 콩과 장류의 인기를 활용해야 할 것이다.

미(美) 식약청(FDA)이 공개적으로 콩을 건강식품으로 제시하는 등 콩 발효식품의 가치가 새삼 중요하게 부각되고 있어 콩 단백질을 이용한 청국장이 우리나라를 대표하는 브랜드의 미래식품으로 세계의 식탁에 오르게 되기를 기대한다.

## 재미있는 식품 사건 사고

1985년 모 방송국 9시뉴스를 통해서 안전에 전혀 문제가 없는 '산분해간장'을 콩 찌꺼기에 화공약품이나 양잿물을 사용한 것으로 잘못 보도하면서 소비자들에게 '화학간장'이라는 부정적인 인식이 생겼습니다. 그러나 산분해간장은 이런 인식이나 우려와 달리 대두박에서 안전한 공정을 통해 단백질을 분해한 것으로 안전성이나 품질에 전혀 문제가 없습니다.

이후 90년대 다시 한 번 발암물질인 3-MCPD가 산분해간장에서 검출되었다는 보도가 있었고, 다시 한번 안전성에 대한 의문이 제기되었지만 정부에서는 기준을 정해 관리하고 있으므로 아무런 문제가 없다는 것을 확인시켰고, 이후 모든 논란은 사라졌습니다. 결국 식품에 함유된 모든 위해물질은 검출 여부가 중요한 것이 아니라 그 양이 문제이므로 정부가 정해 놓은 기준치 이하의 검출이라면 전혀 걱정할 필요가 없습니다.

# 11) 젓갈

'발효(醱酵)식품 = 건강식'이라는 통념이 있다. 그러나 발효식품의 유래와 그 성분을 하나하나 살펴보면 꼭 좋은 것만은 아니다.

농촌 지역에서는 콩, 쌀, 배추, 오이, 포도 등 곡물과 과채류를 이용한 발효음식이 발전했고, 어촌 지역에서는 당연히 해산물을 이용한 발효식품이 풍부하다. 생선, 조개류 등 어패류는 고단백이라 영양적으로는 우수하나 부패하기 쉬운 단점이 있어 저장성 문제를 해결하기 위해 다량의 소금으로 절여 숙성시켜 젓갈로 만들었다.

고농도의 암모니아와 호염성세균, 유산균이 만든 유기산이 다른 부패균과 병원성균의 증식을 억제해 보존성이 우수하며, 글루탐산 등 아미노산의 감칠맛과 향도 생기게 된다. 어떻게 보면 젓갈은 어육 단백질이 약간 부패한 것이라 기호성이 있어 사람 간에 호불호(好不好)가 나뉜다.

생선, 조개 등 어패류는 영양적으로 우수하나 부패되기 쉬워 저장성이 약한 단점이 있다. 젓갈은 이러한 수산물의 저장성 문제를 해결하기 위해 다량의 소금으로 절인 발효식품으로 인류의 역사와 함께 해왔다. 해산물 단백질은 소금이 가해지면서 자가소화효소와 호염성미생물의 작용에 의해 글루탐산 등 아미노산의 감칠맛과 향이 생기는데, 젓갈은 예로부터 쌀을 주식으로 하는 바닷가 아시아 국가에서 널리 애용돼 왔다.

젓갈은 인도, 베트남, 타이 등 주로 더운 지방에서 냉장, 냉동고가 없던 시절 채집, 수렵을 통해 얻은 해산물 중 먹다 남은 것이 쉽게 상해 버려져 이를 보존하기 위한 방책으로 시작된 것으로 생각된다. 어떻게 보면 젓갈은 어육 단백질의 일부가 부패되기 시작한 것이지만 고농도의 암모니아와 호염성세균, 유산균 등 발효미생물이 생성한 유기산이 다른 부패균, 병원성균, 잡균의 증식을 억제해 보존성이 우수하며, 새로운 맛과 향을 준다.

농촌지역에서는 콩, 쌀, 오이, 배추, 포도 등 곡물과 과채류를 이용한 발효음식이 발전했고, 어촌지역에서는 당연히 해산물을 이용해 발효식품을 만들었다. 젓갈에 관한 가장 오래된 기록은 기원전 3~5세기경 중국 최고의 자서 중 하나인 『이아(爾雅)』에 생선으로 만든 젓갈을 '지(鮨)', 육류로 만든 젓갈을 '해(醢)'라고 부른 것이 기원으로 여겨진다.

한국의 젓갈은 신석기시대부터 시작된 것으로 추정되며, 문헌상에는 『삼국사기』에 신문왕 3년(683년) 왕후를 맞이하는 폐백음식으로 등장한 것이 처음이다. 고려시대를 거쳐 조선시대에는 어업의 발달과 함께 김치 만들 때 해산물 젓갈을 사용할 정도로 대중화됐다.

젓갈이란 "어류, 갑각류, 연체동물류, 극피동물류 등의 전체 또는 일부분을 주원료로 하여 식염을 가해 발효, 숙성한 것 또는 이를 분리한 여액에 다른 식품 또는 식품첨가물을 가하여 가공한 젓갈, 양념젓갈, 액젓, 조미액젓, 식해류를 말한다"고 식품공전에 정의돼 있다. 총질소와 아미노산 질소 규격이 있고, 액젓, 조미액젓에 한해 대장균군 음성이며, 타르색소를 사용해서는 안 된다. 식염함량이 8% 이하의 제품에 한하여 보존 목적으로 소르빈산, 소르빈산칼륨, 소르빈산칼슘을 젓갈 kg당 1g 이하로 첨가할 수도 있다.

현재 우리나라에는 침장원과 원료의 종류에 따라 164종의 젓갈류 제품이 있는데, 멸치젓갈, 액젓이 가장 많다고 한다. 젓갈에는 생선을 이용한 멸치젓, 정어리젓, 조기젓, 가자미 식해, 밴댕이젓, 오징어젓, 꼴두기젓이 있고, 생선의 내장이나 기관을 이용한 명란젓, 전복내장젓, 성게알젓, 청어알젓, 연어알젓이 있다. 또한, 갑각류를 이용한 새우젓, 토하젓, 게장, 그리고 조개를 이용한 조개젓, 어리굴젓, 소라젓 등이 있으며, 식품공전상에는 젓갈, 양념젓갈, 액젓, 조미액젓 네 종류의 유형이 있다.

원료 어패류에는 중금속 오염 우려가 있고, 병원성세균이나 기생충 또한 존재할 수 있어 주의해야 하며, 신선도가 떨어질 경우 바이오제닉 아민 중독이 문제가 된다. 예전엔 젓갈을 제조할 때 철제 폐드럼통을 사용하거나 벌레가 우글거리는 불결한 환경에서 보관해 위생문제도 끊임없이 발생했다. 게다가 최근에는 과량의 소금 사용이 문제가 되면서 저염 젓갈로 전환되는 추세다. 그러나 저염 젓갈은 발효와 관련이 없는 잡균들의 증식이 용이해 소금은 많아도 문제, 적어도 문제다.

'천연-합성' 논란에서도 양다리를 걸치고 있는 것이 바로 이 '발효'다. 천연마케팅에서는 미생물을 활용한 발효기술로 만든 것도 '합성'이라 치부하고 흠을 잡는다. 엄밀히 이야기하면 발효는 '생합성(生合成)'이라 합성일 수도 있고, 천연일 수도 있다. 설탕을 원료로 해서 미생물 발효로 만든 '글루탐산나트륨(MSG)'이 바로 그 천연마케팅의 희생양이라 하겠다. 꼭 다시마에서 추출해야만 천연 MSG가 아니라, 발효기술로 만든 것도 미생물이 천연원료인 설탕을 먹이로 만든 것이라 천연으로 볼 수 있기 때문이다.

모든 식품이 그러하듯 발효식품도 일장일단이 있는 식품임을 제대로 알고 앞으로는 더 이상 발효식품에 대한 환상이나 오해가 없기를 바란다.

발효 건강식품으로 알려진 젓갈의 제조과정은 우선 어선에서 가염한 후 목포, 신안, 강화도에서 경매를 통해 유통 업자에게 전달되고 이후 제조업자나 시장으로 판매가 됩니다. 그런데 「식품위생법」에서는 "어류, 갑각류, 연체류, 극피류 등의 전체 또는 일부분을 주원료(생물로 기준할 때 60% 이상이어야 한다)로 하여 식염을 가하여 발효 숙성시킨 것을 말한다"고 젓갈을 정의하고 있습니다.

그러나 발효 숙성에 대해서 명확한 정의와 범위를 정하고 있지 않아서 논란이 되고 있는데, 강화도에서 경매를 통해 낙찰 받은 유통 업자가 일부 젓갈을 보관하다가 판매한 행위에 대해서 「식품위생법」에 따른 제조·가공업 등록을 하지 않았다는 이유로 무등록 영업으로 기소되어 유죄로 인정받은 사건이 있었습니다.

그러나 목포나 신안의 행정공무원들은 경매를 통해 낙찰 받아 보관하는 행위는 제조·가공 행위로 볼 수 없다는 판단을 하고 있어 실제 현장에서는 큰 혼란이 있는 상황입니다. 「식품위생법」의 조속한 개정이 필요합니다.

# 12) 식초

최근 식초(食醋, vinegar)가 건강식품으로 인기를 끌고 있다. 그야말로 '식초 음료' 열풍이다. 그중에서도 특히 과일발효초가 몸에 좋다고 알려지며 시판 식초 음료의 30%를 차지하고 있다. 그러나 한편으로는 당(糖) 함량이 콜라보다도 높아 걱정스러운 눈으로 바라보는 시각도 있다.

우리가 흔히 접하는 중국집 단무지, 양배추절임, 무절임, 오이피클에 쓰이는 식초나 물냉면용 식초는 대부분 식용이긴 하나 엄밀히 이야기하면 식초가 아니라 빙초산이다. 전통 양조식초보다 값이 훨씬 저렴한 빙초산이 외식업과 가공식품에 널리 활용되고 있기 때문이다.

식초는 인류의 역사와 함께해 온 술(酒)을 발효시켜 만들어진다. 예전에는 보관할 냉장시설이 없어 먹다 남은 술이 식초로 변하는 일이 다반사여서 다양한 식초가 활용됐을 것으로 추측된다. 가장 오래된 식초는 BC 1450년경 이스라엘의 지도자 모세가 아랍어로 이름 붙인 '시에히게누스'라 한다.

중국에도 공자시대 때 이미 '염매'라는 살구식초가 있었다고 한다. 우리나라에도 술이 변해 '초(醋)'가 된다는 기록이 있고, 조선시대의 백과사전 격인 『지봉유설(芝峰類說)』에도 초와 술에 대한 언급이 있는 것으로 봐 식초의 기원은 술의 역사와 함께해 온 것으로 추측된다.

식초는 법적으로 양조식초와 빙초산 또는 초산을 원료로 만든 합성식초(합성초)를 모두 지칭한다. 따라서 소비자에게는 식초와 빙초산이 헷갈린다. 그 차이를 알아보면 효모(yeast)를 이용해 당을 알코올로, 즉 술로 만든 후 다시 초산균을 이용해 전통적 발효 방식으로 만든 것은 '양조식초', 석유(tar)에서 추출한 초산(acetic acid)으로 합성해 만든 것은 '빙초산(氷酢酸, glacial acetic acid)'이다.

한편 한국산업규격(KS)에서는 식초를 '곡물식초, 과실식초, 주정식초'의 3종으로만 분류하고 있어 합성식초에는 KS마크를 부여하지 않는다. 원료에 따라 곡물초와 과실초로 나누며 100% 양조 방식으로 만들어진 식초만을 '양조초'라고 표시할 수 있으며 영문명인 '비니거(vinegar)'도 양조초에만 허용된다.

비니거는 프랑스어로 포도주(와인)인 '벵(vin)'과 신맛인 '에그르

(aigre)'의 합성어인 '비네그르(vinaigre)'에서 유래했다. 예전엔 포도주를 초산 발효시킨 '와인식초'를 주로 만들어 먹었기 때문에 이렇게 불렸는데, 와인 명산지가 와인식초의 산지이기도 한 것은 이런 연유에서다.

반면에 합성초는 화학적 합성으로 만들어지므로 초산인 빙초산 외에는 어떤 영양성분도 향기성분도 없다. 그중 빙초산은 수분이 적고 순도가 높은 초산을 말하는데, 섭씨 16도 이하에서는 얼음과 같은 고체 모양이기 때문에 붙여진 이름이다.

식초는 초산, 구연산, 아미노산 등 60여 종의 유기산을 함유하고 있어 식욕 증진, 에너지 발생 및 피로 해소에 도움을 준다. 비타민, 무기질 등 각종 영양소의 체내 흡수 촉진제 역할을 하며, 체내 잉여 영양소를 분해해 비만을 방지하고 콜레스테롤을 감소시켜 지방간 예방에도 도움이 된다고 한다.

문제는 빙초산이다. 비록 가격이 저렴하고 식용이어도 강산성인 초산 농도가 29%까지 허용돼 있어 사용에 주의를 요한다. 빙초산 원액은 접촉 시 화상을 입을 수 있고, 바로 마시면 식도와 위 점막의 손상이 발생한다. 소비자 스스로가 양조식초와 빙초산을 구별해 구매 여부를 판단해야 하며, 초산의 농도와 사용법을 잘 확인해 안전문제가 발생하지 않도록 주의해야 한다.

1980년대 식초를 이용한 건강 유지 방법이 소개되면서 현미식초가 고혈압, 당뇨병, 동맥경화증, 신경통, 암 등 각종 질병 예방에 특효가 있다는 광고를 하다가 적발되어 처벌을 받은 사건이 있었습니다. 「식품위생법」에서는 식품학이나 영양학 등의 분야에서 공인된 사항 외에는 표시나 광고를 금지하고 있습니다.

현재 다수의 기업에서 식초를 이용한 제품을 개발하여 판매하고 있는데, 건강 유지에 도움이 된다는 표현 정도는 문제가 없지만 특정 질병 예방이나 체중 조절 등에 효과가 있다는 등의 광고는 명백한 과대광고이므로 소비자들이 여기에 현혹돼서는 안 될 것입니다.

# 13) 마요네즈

　마요네즈는 계란과 기름으로 만들어져 느끼하고 기름지지만 공기가
들어 있고 촉감이 부드러워 식도락가들로부터 많은 사랑을 받고 있다.
토마토 마요네즈, 그린 마요네즈, 홀스래디시 마요네즈, 크림 마요네즈,
타르타르 마요네즈, 간장 마요네즈 등 종류도 다양하다.

　프랑스와 영국이 7년 전쟁을 치르던 1756년, 프랑스의 리슐리외 후
작은 지중해 연안 메노르카섬의 수도인 마온(Mahon) 항구에서 영국군
을 물리쳤다. 승리 축하연회 중 원주민들이 제공한 음식을 먹게 됐고,

그 맛이 너무나 인상적이어서 항구 이름 '마온'에 '~風'의 의미를 갖는 접미어인 'aise'를 붙여 '마요네즈(Mahonnaise)'라 명명한 것이 그 기원이라고 한다.

그러나 최근 마요네즈가 콜레스테롤 덩어리라 거부하는 소비자가 늘어났다고 한다. 마요네즈의 함량을 살펴보면 100g당 열량(calories)이 725kcal, 탄수화물(당)과 단백질은 거의 없고, 소금과 식초가 많이 첨가돼 있다. 마요네즈의 80%는 지방이며 100g당 포화지방이 14g, 콜레스테롤도 0.055g 들어 있으나 그 양이 적고 트랜스 지방은 거의 없다.

즉, 마요네즈가 지방 덩어리인 것은 맞지만 콜레스테롤 덩어리라는 것은 와전된 말이다. 이 오해 때문에 마요네즈를 넣어 버무린 채소 샐러드를 건강에 좋지 않다고 여겨 피하는 경우도 많다고 한다. 마요네즈의 콜레스테롤은 계란에서 온 것인데 샐러드에서는 계란도 10% 이하 수준으로 사용된다.

마요네즈 100g에는 일일섭취권장량 기준치의 1.6배에 해당하는 지방이 함유돼 있다. 그래도 보통 채소 100g으로 샐러드를 만들 때 많아야 2스푼 정도의 마요네즈를 첨가하므로 마요네즈로 만든 채소 샐러드를 통한 콜레스테롤의 과잉 섭취는 크게 걱정할 정도는 아니다.

오히려 마요네즈를 곁들인 샐러드는 채소를 많이 먹을 수 있게 도와줘 건강에 도움이 된다. 게다가 섭취한 콜레스테롤이 소장에서 흡수되는 것을 채소의 식이섬유가 일부 방해하기 때문에 더더욱 콜레스테롤 섭취를 걱정할 필요는 없다.

사실 콜레스테롤은 우리 몸의 구성성분으로 빼놓을 수 없는 좋은 물질이다. 3분의 1은 뇌신경계에 존재하며, 3분의 1은 근육, 그리고 나머지는 세포를 지켜주는 세포막에 존재한다. 즉 콜레스테롤은 세포가 재생되거나, 손상된 세포를 보수하는 데 꼭 필요한 물질이다.

또 우리 체내에서 일어나는 기능들을 원활하게 조절해 주는 부신피질호르몬과 성호르몬도 모두 콜레스테롤에서 만들어진다. 지방을 소화하는 데 필요한 담즙산도 바로 이 콜레스테롤이 주성분이다. 콜레스테롤은 과잉 섭취하는 것이 문제지 반드시 먹어야 하는 물질이다.

마요네즈는 수분 활성도가 낮고 식초가 첨가돼 수소이온농도(pH) 또한 낮아 산성이 강하기 때문에 부패균이나 병원성 균을 살균하는 효과가 있어 안전성에 도움이 되는 식품이며, 열대지방에서도 저장성이 우수하다. 즉 장기간 상온에 보관해도 안전해 유통기한이 긴 편이다.

그러나 마요네즈는 지방 함량이 높으므로 산패에 주의해야 한다. 이를 방지하기 위해 산화방지제인 비타민 C, 아황산나트륨, 이산화황 등이 사용돼 첨가물에 대한 우려가 있는 것이 사실이다. 그러나 항산화제라고도 불리는 산화방지제는 식품의 변색이나 지방 산패를 막아주는 물질로, 법적으로 허용된 양만큼만 사용하면 인체에 해가 거의 없으니 그리 걱정할 필요는 없다.

국내에서는 '갓뚜기'라는 애칭을 가진 기업에서 마요네즈 시장의 80% 이상을 차지하고 있다는 뉴스가 있습니다. 이런 이유로 다양한 맛을 느끼고 싶어 하는 소비자들을 위해서 마요네즈 제품 수입도 활발히 진행되고 있습니다.

해외브랜드 중에서 리본 도형과 그 아래에 영문자로 "BEST FOODS"라고 횡서된 결합상표를 사용하는 제품이 국내 상표등록을 신청했다가 거절된 사건이 있었습니다. 대법원은 거절 이유에서 "BEST FOODS"는 가장 좋은 음식물이란 뜻으로서 지정 상품과의 관계로 보아 품질, 효능표시가 되므로 비록 외국에 등록된 세계적인 저명 상표라도 상표법에 따라 등록은 불가하다고 선고했습니다.

제품 개발이나 품질도 중요하지만 소비자들에게 어필할 수 있는 상표 발굴과 등록 가능 여부를 고려하는 것도  식품에서는 매우 중요하다는 것을 보여주는 사례라고 할 수 있습니다.

# 14) 토마토케첩

토마토케첩(Ketchup)이 들어가지 않는 음식이 없다. 밥투정하는 아이들에게 숟가락을 들게 만든다는 새콤달콤한 신비의 맛으로 특히 패스트푸드나 육류, 튀김요리에는 필수다. 토마토의 건강효과는 모두 알고 있으나 케첩은 첨가물이 들어간 가공식품이고 달콤한 맛에 불안해하는 사람이 많다고 한다.

토마토케첩은 잘 익은 토마토를 으깨어 껍질과 씨 등을 없앤 다음 과육과 액즙을 졸여 농축한 것으로 고형분 함량이 24% 이상인 것을 말한다. 토마토 특유의 신맛에 단맛의 설탕과 짠맛의 소금, 식초 등을 첨가해 만든다. 토마토는 상온에 보관하면 금방 물러지고 곰팡이와 세균도 증식해 저장성이 약해 빨리 상하는 과채류다. 인류는 수확한 토마토를 오랫동안 먹기 위해 케첩을 만들어 먹었던 것으로 생각된다. 케첩은 산도가 높아 상온에서도 잘 상하지 않고 냉장보관에서는 유통기한이 6개월이나 되기 때문이다.

17세기 중국 광둥(廣東)성 지역과 대만 사람들은 인근 해역에서 잡고 남은 생선을 보관하기 위해 소금, 식초, 향신료 등을 넣고 톡 쏘는 맛을 내는 소스를 만들었다고 한다. 생선의 젓갈, 젓국 형태의 이 소스는 케치압(Ke-tsiap), 케찹(Ke-chap)이라 불리며, 말레이반도로 전파됐다. 18세기 초 싱가포르 상인들이 영국에 판매하기 시작해 유럽으로 전파됐으며 토마토를 포함한 영국의 다양한 식재료와 어우러져 토마토케첩이 완성됐다고 한다.

그러나 이 중국의 토속음식을 상품화해 돈을 번 것은 중국인들이 아니라 바로 미국인이었다. 미국 식품회사 하인즈가 1876년 세계 최초로 케첩을 제품화했다. 어류 대신 토마토 과육을 넣고 설탕과 소금, 식초 등으로 맛을 낸 현재의 토마토케첩을 탄생시킨 것인데, 우리나라에는 개화기 때 소개됐고 1971년부터 오뚜기에서 상품화하기 시작했다.

케첩용 토마토는 적색 계통의 펙틴질이 많은 것이 사용된다. 완숙한 것일수록 펙틴질과 색소함량이 높아 좋은 제품이 된다고 한다. 원료 토마토를 으깨어 즙을 걸러내고 설탕과 소금을 넣은 다음 각종 향신료와 식초, 양파, 마늘 등을 넣어 저으면서 끓여 만든다.

토마토는 리코펜을 다량 함유해 노화의 원인인 활성산소를 억제하며, 유방암과 전립선암, 소화기계통의 암을 예방하는 데 효과가 있는 것으로 알려져 있다. 게다가 리코펜은 열에 강하고 지용성이기 때문에 토마토케첩을 만드는 가열공정 중에도 파괴되지 않으며, 농축시키기 때문에 리코펜 함유량이 매우 높다.

게다가 토마토케첩은 수소이온농도(pH)가 낮아 산성이고, 수분활성도도 낮아 미생물에 의한 변질이나 안전성 문제는 거의 없다고 봐야 한다. 다만 설탕, 소금 등 첨가물을 사용하므로 과량 섭취 시 나트륨과 당의 과잉섭취 문제를 야기할 우려가 있다. 그러나 토마토케첩은 밥처럼 먹는 주식이 아니라 식사할 때 살짝 발라먹는 부재료 첨가물일 뿐이다.

세계보건기구(WHO)에서 제안하는 나트륨의 일일권장량은 2g으로 소금 5g에 해당하는 양이다. 토마토케첩에는 100g당 1.3g의 나트륨이 들어 있어 하루 150g의 토마토케첩을 매일 먹어야 나트륨을 초과 섭취하게 되는데, 토마토케첩을 150g씩 매일 먹는 사람은 거의 없다. 따라서 토마토케첩을 통한 나트륨 과잉섭취 문제는 신경 쓰지 않아도 좋을 것으로 생각된다.

## 재미있는 식품 사건 사고

토마토케첩은 소스류와 함께 「식품위생법」에서는 조미식품으로 분류됩니다. 일반적으로 조미식품에서 소스류 등은 프랜차이즈 외식업 가맹본부 등에서 주문자방식으로 생산됩니다. 이런 이유로 소스류 제조업체에서는 유통기한 관리에 매우 어려움을 겪는 경우가 많습니다.

실제로 소스류 제조업체 재고담당 직원이 유통기한이 1~2개월 남은 소스류를 임의로 6개월 이상으로 변조해서 라벨링을 변경하는 수법을 사용하다가 적발된 사건이 많이 발생하고 있습니다.

하지만 2017. 1. 4.부터 이런 유통기한 위·변조 행위는 한 번의 위반으로도 제조·가공영업 등록이 취소되는 일명 '원 스트라이크 아웃'제도가 시행되면서 유사 사건이 매우 감소될 것으로 예상됩니다.

# 15) 소시지와 햄

　스모킹(훈연, 燻煙)한 소시지, 햄, 연어가 인기를 더해 가고 있다. 향이 좋고 보존효과가 커 고대로부터 사용해 왔다. 스모킹은 화학보존료가 보급되기 시작한 20세기 중반부터 퇴조하기 시작했으나, 최근 자연식품과 웰빙의 분위기에 힘입어 다시 관심을 받기 시작했다. 그러나 연기 속 벤조피렌, 벤즈안트라신 등 발암성 물질이 부각되면서 안전성 논란에 휩싸여 소비자들의 걱정거리가 되고 있다.

　아주 오래 전 별다른 음식의 저장법이 없던 시절 소, 돼지, 양 등 가축을 도살하고 남은 고기는 육포, 소시지, 햄, 염지육, 훈연육, 발효육 등의 형태로 보존했었다. 이 중 소시지와 햄은 보존 목적 이외에도 살코기를 제대로 사 먹지 못했던 가난한 서민들이 골, 혀, 귀, 코, 내장, 피, 비계 등 버리던 부산물을 고기와 섞어 먹던 것에서 유래됐다고 한다. 그러나 냉장, 냉동고가 없던 시절 더운 날씨에 이들 고기와 부산물을 활용한 음식들에 있어 저장이 가장 큰 문제였다.

햄(ham)은 돼지고기의 뒷 넓적다리 살로 만든 것이며, 소시지 (sausage)는 소나 돼지의 내장과 고기를 양념과 함께 갈아 케이싱에 채운 음식이다. 돼지고기는 부위별로 Picnic(앞다리), Loin(등심), Tenderloin(안심), Ham(뒷다리), Belly(삼겹살), Rib(갈비), Behind Shank(사태살), Shoulder Butt(목심), Midriff(갈매기살) 등으로 나눈다.

이 중 햄 부위를 사용해 가공한 제품도 햄이라고 하는데, 현재는 돼지고기를 소금에 절인 후 스모킹해 만든 가공육 제품을 모두 햄이라고 부른다. 햄은 훈연과정에서 스모킹 속에 포함된 알데히드류(aldehydes)나 페놀류(phenols)가 고기 속에 침투해 방부효과가 증가되는 동시에 독특한 풍미를 가지게 된다.

그리스에서는 기원전 10세기경부터 고기를 보관하기 위해 스모킹하거나 소금에 절여 왔다는 기록이 있다. 햄은 우선 돼지고기를 적당한 크기로 자른 다음 피를 제거하고 소금과 소량의 질산칼륨으로 표면을 문지른 후 5℃ 정도의 저온에서 약 5일간 숙성시킨 후 소금에 절여 스모킹해 만든다.

덩어리 고기를 사용하는 '본레스햄'이나 '로스트햄'의 경우는 면포로 싸고 면사로 묶어서, 원통형의 금속제 망에 넣어서 훈연하는 반면 '프레스햄'용의 고기는 잘게 갈아서 조미료, 식품첨가물, 향신료, 녹말 등을 섞어서 반죽한 다음 이것을 케이싱(소창자나 셀로판)에 넣고 그 양 끝을 묶은 후 끈으로 감아서 스모킹한다.

스모킹은 나무의 연기를 쐬는 것인데 최근에는 가공된 연기추출물을 고기에 섞어 풍미를 갖게 해 스모킹을 생략하는 경우도 많다. 스모킹이 끝난 햄은 70℃에서 2~3시간 가열하여 고기 속의 유해미생물을 살균한 후 포장하여 제품으로 만든다.

소시지는 돼지고기나 쇠고기를 곱게 갈아 동물의 창자 또는 인공케이싱에 채운 가공식품이다. 최근에는 닭고기, 칠면조 고기, 양고기, 생선살 등 여러 육류가 사용되기도 한다. BC 9세기에도 병사들이 고기 반죽을 만들어 돼지창자에 채운 것을 먹었다는 기록이 있다. 원래는 가난한 사람들을 위해 만들어진 음식이나 4세기에는 콘스탄티누스 대제가 일반 서민이 맛있는 것을 먹는 것은 사치라 하여 금지령을 내린 적이 있었다고 한다.

햄의 종류를 살펴보면, 절단하는 방법에 따라 쇼트컷과 롱컷이 있다. 이탈리아나 스위스 명품인 '생(生)햄'은 소금을 뿌린 아기돼지의 뒷 넓적다리 살을 추운 곳에 달아매어 만든 것이다. '본레스햄'은 돼지의 뒷 넓적다리에서 뼈를 빼고, 셀로판이나 헝겊으로 원통형으로 감아서 가공한 것인데, 훈연하지 않고 만든 것을 '보일드햄'이라고 한다. 이 밖에 구운고기로 만든 '로스트햄', 어깨살로 만든 '숄더햄', 삼겹살로 만든 '벨리햄', 고기 부스러기로 만든 '락스햄' 등이 있다.

우리가 가장 흔히 먹는 '프레스햄'은 일본에서 만들기 시작한 독특한 제품으로, 돼지고기 외에 쇠고기, 양고기, 토끼고기, 닭고기 등을 섞어서 만들기 때문에 저렴한 반면 첨가물이 많이 들어가 육류 특유의 풍미를 느끼지 못한다.

삶은 그대로의 소시지를 '도메스틱 소시지'라 하고 이를 훈연하여 수분을 제거한 것을 '드라이 소시지'라 한다. 케이싱 재료로는 처음에는 양창자를 사용했으나 점차 돼지창자가 사용되기 시작하였고 현재에는 플라스틱이나 셀룰로오스로 된 인공케이싱이 많이 사용된다. 우리가 흔히 먹는 비엔나 소시지, 볼로냐 소시지, 프랑크푸르트 소시지, 리오나 소시지 등은 모두 수분이 많은 도메스틱 소시지에 속한다. 그리고 드라이 소시지로는 살라미, 세르벌라, 모르타델라, 페페로니 등이 있다.

이러한 역사를 가진 햄과 소시지가 다양한 제품으로 시중에 판매되고 있고, 이제는 우리 식탁에서 뺄 수 없는 중요한 메뉴가 되었다.

소시지와 햄의 보존성을 더욱 더 증가시키기 위해 노력하면서 소금, 훈연에다가 다양한 첨가물까지 사용하게 되었다. 특히, 고기의 부산물에서 나는 나쁜 냄새를 마스킹함으로써 맛과 향을 향상시키고, 육질의 색을 선홍색으로 보이기 위해 아질산염을 첨가하게 되었다.

올 4월 25일 중국에서 길거리 판매 치킨을 먹고 1세 여자 아기가 사망한 사건이 발생했다. 놀랍게도 사망 원인은 '아질산염 중독'으로 밝혀졌다. 잇따라 중국 영유아 3명이 아질산염 우유 중독으로 사망하는 사고가 발생해 충격을 더해 주고 있다. 아질산염은 자연계, 특히 식물체 중에 널리 분포해 있는데, 그 함유량은 질산염에 비해서는 훨씬 적다. 시금치, 쑥갓, 그린아스파라거스, 청고추, 떡잎 무 등에서의 함유량이 높은 편이다.

'아질산염(Nitrite, $NO_2$)'이란 식품산업에서는 '아질산나트륨' 또는

'아질산칼륨'을 말한다. 질산나트륨을 납(pb)과 함께 녹여서 만든 무색의 결정이며, 염료의 제조, 식품첨가물, 의약품 등으로 쓰인다. 특히, 햄, 소시지, 이크라(ikura) 등에 색소를 고정시키기 위해서 이용되는데, 가열조리 후 선홍색 유지에 도움을 준다.

우리나라에서는 법적으로 발색제로 허용되어 있으며, 미국 등지에서는 '보툴리눔(botulinum)'이라는 *Clostridium botulinum*균이 생산하는 독소 생성을 억제하는 보존료로서도 사용된다. 19세기 초 독일에서 잘못 보관된 소시지 식중독으로 한 번에 2백 명 이상이 목숨을 잃는 사건이 발생함에 따라 보존료의 사용이 필요하게 되었던 것이다.

아질산염을 육제품에 사용하기 시작한 것은 기원전 9세기경 호메로스의 시에 그 사용이 최초로 기술되어 있으며 고대 로마시대에도 사용한 기록이 있다. 1581년 독일의 Rumpolt가 쓴『소시지 제조법』에 염지의 발색에 관한 서술이 있으며 1758년 독일 과학잡지에 염지이론이 소개되었다. 또 1891년 Polenska의 아질산염 작용기작이 발표된 것을 시작으로 본격적으로 연구되어 왔다.

아질산나트륨과 질산나트륨은 국제기구인 JECFA(FAO/WHO 합동식품첨가물전문가위원회)에서 안전성을 평가하여, 일일섭취허용량(ADI)이 설정되어 있다. 또한 CODEX(국제식품규격위원회), EU, 미국 및 일본 등 국제적으로 사용되고 있는 식품첨가물이다. 우리나라는 아질산나트륨(Sodium nitrite) 사용을 식육가공품(포장육, 식육추출가공품, 식용우지, 식용돈지 제외) 및 고래고기제품 kg당 최대 0.07g까지 허용하고 있고 어육소시지에는 0.05g, 명란젓 및 연어알젓에는 0.005g까지 하용하고 있다.

아질산염은 육류의 '아민(amine)'과 반응하여 '니트로사민(nitiro-samine)'이라는 발암성 논란 물질을 만든다고 알려져 있으며, 미국 농무성(USDA)에서는 사용량을 줄이도록 권고하는 등 위해성이 논란이 뜨거운 물질이다. 이 물질이 체내에 흡수되면 혈액 내 적혈구 산소 운반능력을 떨어뜨려 산소부족 증세를 일으키는데, 0.3g 이상 섭취 시 중독을 일으키고 심하면 사망에 이를 수 있다. 반수치사량($LD_{50}$)은 쥐의 체중 kg당 180mg인데, 농약인 DDT(150mg/kg)와 비슷한 독성이며, 니코틴(24mg/kg), 청산가리(10mg)에 비해서는 독성이 약 10배 정도 약하다.

2005년 한국보건산업진흥원의 위해성 평가 결과, 국민들은 평균적으로 ADI 대비 6.8%의 아질산염을 섭취하고 있어 국민 대부분은 안전한 것으로 나타났다. 그러나 일부 어린이들이 극단적으로 과다하게 매 끼니마다 육제품을 섭취하는 경우에는 일일섭취허용량(ADI)을 초과해 위험할 수 있다고 한다.

따라서 어린이 및 노약자와 같은 취약집단이 아질산이 함유된 가공식품을 과다 섭취할 경우, 첨가물의 위험에 심각하게 노출되는 것이기 때문에 아질산염 함유 가공식품을 과다하게 먹는 것을 주의해야 한다. 정부는 식품섭취 정보제공, 다양한 제품 개발과 저감화를 위한 기술 개발을 유도하여 식품첨가물 및 식품의 위생을 확보하는데 지속적으로 노력해야 할 것이다.

소비자는 가공식품 구입 시 표시사항을 주의 깊게 살펴보고 아질산염의 첨가량을 반드시 확인하는 지혜가 필요하다. 아질산염은 가능한 먹지 않을수록 좋은 소소익선의 물질이므로 가능한 스모킹 같은 대체제를 찾아야 하며 소시지와 햄의 맛을 즐길 정도의 적절한 양만을 섭취한다면 안전문제를 걱정할 필요는 없다고 생각한다.

## 재미있는 식품 사건 사고

세계보건기구(WHO)가 발표한 10대 불량식품에 햄과 소시지가 포함돼 있습니다. 특히 햄과 소시지에는 발암물질로 알려진 아질산염이 첨가된다는 이유로 어린이들에게 가능한 먹이지 않으려는 부모들이 늘어나고 있습니다. 이런 소비자의 기호를 파악해서 최근에는 아질산염 등 특정 식품첨가물이 사용되지 않은 '무첨가 제품'이 많이 출시되고 있습니다.

현행 식품 관련 법령에서는 사용할 수 있는 첨가물을 사용하지 않았다고 '무표시'를 하는 것은 허용되지만 원칙적으로 해당 식품에 사용할 수 없는 첨가물을 사용하지 않았다고 표시하는 것은 소비자에게 오인·혼동을 준다는 이유로 금지하고 있습니다.

이런 이유로 간혹 무첨가 표시를 위반해서 처벌을 받는 사건이 발생하는데, 소비자들에게 올바른 정보를 제공하는 것도 중요하지만 특정 첨가물을 사용하지 않고, 동일 성분이 함유된 다른 대체재를 사용하면서 무첨가 표시를 하는 제품이 많기 때문에 '무첨가'만 보고 좋은 제품이라고 판단하는 것은 잘못된 것이므로 구매 전 올바른 선택을 위해서 소비자들도 공부를 해야만 합니다.

# 16) 햄버거

2016년 7월 22일 우리나라에 상륙한 햄버거의 왕 '쉐이크쉑(Shake Shack)' 국내 1호점(서울 강남) 앞에는 300미터 줄에 북적이는 인파로 발 디딜 틈이 없었다. 미국 패스트푸드 시장에서 가장 인기 있는 음식은 42%의 점유율을 보인 부동의 1위 햄버거다. 뒤이어 샌드위치가 14%, 중국음식 등 아시안 푸드와 치킨이 각각 10%, 피자&파스타가 9%, 멕시칸 푸드가 8%로 조사되었다.

꾸준하게 패스트푸드 시장의 선두자리를 지키던 맥도날드는 2012년 이후 매년 판매 부진을 보이며 2012년 23.6%에서 2015년 21.2%의 시장점유율 하락세를 기록 중이며, 매출액 또한 2015년 66억 달러로 전년 대비 7% 감소했다고 한다.

'쉐이크쉑'은 미국의 유명 프리미엄 햄버거 체인점인데, 세계 어디든 문을 여는 매장마다 긴 줄을 서는 것으로 유명하다. 전 세계적인 열광적 관심은 올 여름 한국에서도 마찬가지였다.

햄버거(hamburger)는 미국이 만들어낸 대표적 상품으로 세계에서 가장 인기 있는 패스트푸드다. 그러나 햄버거는 처음부터 미국에서 만든 것이 아니며, 기원도 유럽이 아닌 몽골이라고 한다. 목축과 전쟁으로 장거리 이동을 자주 하던 몽골인은 단백질과 비타민을 보충하기 위해 생고기를 즐겨 먹었다. 이들의 식습관이 13~14세기 몽골이 세계를 재패하던 시대에 유럽으로 전파돼 '타르타르 스테이크'라 불리며 알려지게 되었다.

몽골인은 질긴 말고기를 먹을 때 생고기를 잘게 다져 스테이크를 만들어 먹었는데, 말고기를 말의 안장 밑에 깔고 다니며 고기를 부드럽게 한 다음 후추, 소금, 양파즙 등 양념으로 조리해 날 것으로 먹었다고 한다. 이 타르타르 스테이크는 우리가 먹는 육회와 그 요리법이 유사하고 계란 노른자를 얹어 먹는 모양까지 같다고 한다. 이 습관이 200여 년간 몽고의 지배하에 있었던 러시아를 거쳐 다시 독일로 전해지면서 익혀 먹는 습관이 생긴 것이다.

당시 독일에서는 부드러운 살코기 부분은 귀족이나 부자들이 주로 먹었고 가난한 사람들은 질긴 부위의 쇠고기를 먹었다고 한다. 질긴 고기를 부드럽게 만들기 위해 고기를 잘게 다져먹는 스테이크 식문화를 도입해 구워 먹기 시작했는데, 이것이 독일 함부르크 지역에서 유행해 이 고기를 '함부르크 스테이크'라 불렀다고 한다.

이것이 이후 1850년대 수백만 명의 독일인이 미국으로 이민가면서 미국에 전해진 것이다. 이후 함부르크 스테이크를 줄여 '햄버크'로 불렀다가 결국 '햄버거'가 된 것이다. 그러나 햄버거가 본격적으로 시장에 보급되기 시작한 것은 2차 대전 이후 맥도날드 햄버거가 등장하면서부터였다.

이때부터 고속도로와 자동차산업의 성장과 함께 대량생산, 대량소비의 시대에 접어들어 햄버거가 바쁜 현대 산업화시대를 알리는 패스트푸드, 미국식 자본주의를 상징하게 되었다.

햄버거는 고기를 갈아서 기름에 구워 만든 패티를 빵에 넣어 만들기 때문에 지방함량이 높고 고단백이다. 한 끼 식사대용으로 높은 칼로리가 당연한데도 대표적 정크푸드로 알려져 있다. 요즘 이 고기 패티가 들어간 햄버거는 채소, 과일, 치즈 등을 넣고 빵까지 덮어 크게 만들어 한 끼 식사로 충분한 영양소를 골고루 갖추고 있다. 꼭 우리나라 김밥과 비빔밥처럼 말이다.

수 년 전 영국의 유명 요리사 제이미 올리버가 TV프로그램「음식혁명」에서 '핑크슬라임' 햄버거 패티를 직접 만들어 보이며 "우리는 개 사료용 싸구려음식을 먹고 있다"고 비판하며, 햄버거의 위해성 문제를 제기한 적이 있었다. '핑크슬라임(pink slime)'은 '분홍색의 점액질'을 뜻하는데, 쇠고기에서 각 부위를 다 발라낸 뒤 남은 자투리 부분을 갈아 섞어 살균 또는 저장성을 증진시키기 위해 암모니아수로 세척해 만든 고기를 말한다.

그러나 왜 이 한끼를 대체할 만큼 완전식품인 햄버거가 정크푸드로 낙인찍혀 그 가치가 평가 절하되고 먹어서는 안 될 나쁜 음식의 대명사로 여겨지고 있을까에 대해 생각해 봤다. 아마 핑크슬라임 사건처럼 값싼 햄버거를 만들려는 욕심에 싸구려, 저품질의 고기를 사용했고 비위생적인 고기를 화학적소독제로 살균해 사용했기 때문이라 생각된다. 만약 고품질의 건전하고 안전한 스테이크용 고기를 패티로 사용하고 신선한 채소와 과일, 소스를 첨가하고 깨끗한 밀가루 빵으로 만든 햄버거라면 이야기가 달라진다.

영국에서는 쇠고기의 각 부위를 발라내고 발골한 후 남은 자투리 부위 자체를 식용으로 사용할 수 없고, 사료로만 쓰고 있다고 한다. 우리나라에서도 이러한 문제 투성이의 고기 패티가 사용되지나 않을까 하는 소비자의 우려가 있어 정부에서 조사하기도 했었다.

다행히도 우리나라에서는 어떤 햄버거 제조사도 자투리 부위로 만든 핑크슬라임 패티를 만들지 않는다고 식약처가 밝혔다. 또한 농식품부도 논란이 된 햄버거 패티를 비롯, 시중 유통되고 있는 국내 모든 육가공 식재료에서는 핑크슬라임이 사용되지 않고 있다고 확인한바 있다.

즉, 우리나라에 들어와 있는 글로벌 회사인 M사 등 주요 햄버거 제조업체들은 햄버거패티를 호주/뉴질랜드산 수입쇠고기를 사용해 만들며, 소금과 후추 이외의 첨가물은 일절 사용하지 않는다고 한다.

그러나 미국에서는 작년 8월까지 남은 쇠고기 자투리를 법적으로 허용된 첨가물인 암모니아수로 처리해 세균의 증식을 막아 햄버거 패티 등 식품 원재료로 사용했었다고 한다. 핑크슬라임 보도 이후 미국 내 여론이 나쁘게 흘러가자 미국 내 햄버거 제조사들은 2012년 8월부터는 핑크슬라임을 사용하지 않겠다고 결의하기도 했었다.

사실 이 사건으로 소비자들이 우려한 것은 저질의 쇠고기 자투리 부위의 사용이 아니라 암모니아수로 알려진 수산화암모늄이 햄버거 패티에 첨가됐다는 것이다. '수산화암모늄($NH_4OH$)'은 비료나 청소용 세제, 사제 폭발물 제조 등에 사용되는 화학물질로 알려져 위해성 논란이 컸다.

'암모니아수'는 암모니아를 물에 녹여 만드는데, 보통 27~30% 암모니아를 함유한다. 암모니아는 무색의 투명한 액체로 고약한 냄새와 자극적인 맛을 내는 알칼리성 물질로서 의류의 세척이나 국소자극제, 홍분제, 제산제, 중화제 등 의약품으로도 널리 사용된다. 진한 암모니아수는 고무, 유리 등 마개로 막아 밀폐해 보존하며, 온도가 상승하면 폭발하므로 서늘한 곳에 저장해야 한다.

비록 미국 농림부(USDA)가 암모늄수산화물이 '일반적으로 식품에 사용이 인정되는 안전한 물질 목록'인 'GRAS'에 속하고, 건강에는 문제가 없는 안전한 물질이라고 밝혔음에도 불구하고 소비자들의 분노가 거셌다. 그러나 수산화암모늄은 국내에서도 식품첨가물공전상 식품에 사용이 허가된 첨가물이어서 앞으로 핑크슬라임과 같은 파동의 재발을 배제할 수 없는 상황이다.

이 핑크슬라임 사건은 위해성 논란이 있는 암모니아수를 사용해 세척하긴 했으나, 쇠고기를 각 부위별로 발골하고 남은 자투리 부위를 사용했기 때문에 사료용으로 추정되는 손상된 다시마와 채소를 원료로 사용했던 '불량맛가루사건', 일반적으로 식용이라 생각지 않는 무말랭이 자투리 부위를 사용한 '불량만두사건', 식용 등급으로 분류되지 않왔던 우지를 사용해 튀긴 '우지라면사건' 등과 유사한 사건이라 볼 수 있다.

이들 자투리 부위는 비록 식용 가능하다 하더라도 소비자들은 고품질의 원료 사용을 원하기 때문에 기업에서는 가능한 좋은 품질의 원료를 사용하는 것이 바람직하다. 그러나 물가 안정과 저소득층 서민을 위한 저가 제품을 생산코자 할 경우에는 법적으로 허용된 낮은 등급의 식용가능 원료를 사용할 수밖에 없다.

어차피 품질등급은 식품의 가격과 연동될 수밖에 없기 때문에 식품 제조 시 사용된 원재료의 품질등급을 표시토록 하는 것이 소비자들의 합리적인 구매를 유도하는 소비자 알 권리 확보와 건전한 상거래 구현의 필수요소라 하겠다.

패스트푸드는 최근 불어닥친 웰빙 바람에 편승해 식량이 남아돌아 영양과잉이 문제가 되고 있는 선진국을 중심으로 인류의 건강의 주적으로 내몰려 피해야 할 음식이 됐다. 이 '정크'라는 나쁜 인식과 '건강'에 대한 소비자의 열망은 기존 패스트푸드 시장을 주도하던 업체들을 경영 위기에 직면하게 했다.

기득권 패스트푸드 업체 모두는 전화위복을 꾀하고 있는데, 정크 이미지를 탈피할 돌파구로서 '유기농', '저칼로리' 등 건강메뉴를 도입하고 동물성지방을 식물성으로 대체하기도 한다. 인공보존료와 인공향을 제거한 신제품, 호르몬, 항생제, 스테로이드를 맞지 않은 고기를 사용한 제품, 냉동기간을 줄이고 신선도를 증가시켜 건강을 파는 이미지로 바꾸겠다는 전략이다.

또한 패스트푸드 시장의 성장이 멈추자 KFC, 맥도날드, 타코벨 등이 앞다퉈 수제맥주 등 다양한 주류를 음식과 함께 판매하고 있다. 패스트 푸드의 장점인 신속한 서빙에 고급 재료를 강점으로 한 '패스트 캐주얼 레스토랑'의 강세도 이어질 전망이라고 한다.

쉐이크쉑의 성공 신화는 8대 2의 살코기와 지방 비율로 육향(肉香)이 살아있고 항생제와 호르몬제를 사용하지 않은 앵거스 쇠고기를 사용해 만든 패티에 있다고 한다. 덤으로 감자반죽으로 만든 번은 밀가루 빵보다 쫄깃쫄깃해 씹는 식감이 좋고, '오픈키친'으로 청결한 매장 분위기를 연출했다. 맥도날드도 같은 호주산 앵거스 쇠고기로 만들지만 값싼 정크푸드라는 오해로 인정을 못 받고 있으나 쉐이크쉑은 고급화에 성공했다. 게다가 음식을 맛으로만 승부하지 않고 '호스피탈리티(환대, Hospitality)' 서비스를 제공해 소비자에게 행복감을 준 것이 성공 비결이라고 한다.

이러한 쉐이크쉑과 같은 패스트푸드의 획기적 이미지 변신이 없이는 당분간 전통적 기득권 회사들의 성장은 어려울 것으로 생각된다. 패스트푸드 관련 기업들이 소비자의 마음을 돌려 힘들게 일군 시장을 지키기 위해선 지금이라도 '정크 이미지'에서 탈피해 '고급, 신선, 편의, 안전 이미지'로 거듭나야 할 것이다.

1980년대 국내에 처음 소개된 햄버거는 특별한 사건이 없이 청소년과 성인 모두에게 사랑받는 외식으로 자리를 잡아 오다가 2017년 7월 햄버거를 섭취하고 '용혈성요독증후군(HUS)'에 걸렸다고 주장하는 피해자가 햄버거 프랜차이즈 회사를 고발하면서 큰 주목을 받았습니다.

하지만 전문가들은 피해자의 주장과 달리 해당 증상은 분쇄가공육인 햄버거 패티에서만 유래하는 것이 아니라 유기농 채소나 과일 등도 원인이 될 수 있기 때문에 결과가 명확하게 밝혀질 때까지는 누구의 잘못인지 정확하게 알 수가 없다고 합니다.

미국에서도 피해를 주장하는 소비자들이 소송에서 승소한 사례가 한 건도 없다고 알려져 있으며, 육회 등 생고기를 섭취하는 습관 등을 고려해 볼 때 피해입증이 매우 난해하여 다른 식품사건처럼 무혐의로 종결될 가능성이 많습니다.

# 17) 패스트푸드

　국내 한 의료전문매체에서 열이 나거나, 설사, 복통 등 몸이 아플 때 건강을 악화시키는 음식으로 '커피, 견과류, 계란, 치즈, 정크푸드' 다섯 가지를 소개했다.

　"몸에 열이 날 때는 커피와 견과류를 피하라"고 한다. 그 이유는 "발열 시 카페인 섭취는 면역체계를 손상시켜 상태를 더 나쁘게 하며, 현기증과 땀 분비, 떨림 현상을 부를 수 있기 때문"이라고 한다. 또한 체온을 높이는 아미노산인 아르기닌이 풍부한 아몬드, 호두, 헤즐넛, 아마씨와 같은 견과류도 피하라고 한다.

"식중독이나 설사, 메스꺼움으로 고통 받을 때는 계란과 치즈를 먹지 않는 것이 좋다"고 하는데, 감염 시 위장에서 이들 단백질을 분해할 만한 효소를 충분히 생산할 수 없어 소화불량과 구토를 유발할 수 있다고 한다. '소화장애'로 고생할 때는 포화지방이 소화기관을 자극해 위장장애를 악화시킬 수 있기 때문에 햄버거와 같은 정크푸드를 피하라고 한다.

정크푸드는 바쁜 현대사회에 싼 가격으로 간편하게 한 끼를 해결할 수 있다는 장점 때문에 미국을 비롯한 서구인, 최근에는 전 세계 인류의 사랑을 받아 왔다. 그러나 최근 불어닥친 웰빙 바람에 편승해 식량이 남아돌아 영양과잉이 문제가 되고 있는 선진국을 중심으로 인류의 건강과 장수에 걸림돌이 되는 최고의 적으로 내몰려 가장 피해야 할 음식이 됐다.

'정크푸드(junk food)'란 열량은 높지만 필수영양소가 부족해 영양가가 낮은 패스트푸드, 인스턴트식품을 총칭하며, 콜라 등 탄산음료, 지방 함량이 높은 과자, 패스트푸드, 감자튀김, 피자, 햄버거 등을 말한다. 사실상 정크푸드는 지방 외에도 소금이나 식품첨가물이 많이 들어 있어 비만과 성인병의 주원인이 되는 라면, 소시지, 햄과 같은 음식 등이 포함돼 폭넓게 해석되고 있다.

특히, 정크푸드는 어린이들에게 인기가 있어 소아비만이 전 세계적 문제가 되고 있다. 또한 아동비만이 학업성적에도 악영향을 끼치는 것으로 알려지면서 소비자의 눈총을 받고 있다. 이러한 폐해 때문에 유럽연합(EU), 미국, 캐나다, 오스트레일리아 등에서는 정크푸드 TV 광고, 학교 내 정크푸드 자판기 설치, 학교 식당의 인스턴트식품 판매 등을 금지하는 규제를 강화하고 있다. 최근 우리나라에서도 탄산음료, 패스트 푸드, 고지방 과자, 튀김류 등을 비만 유발 정크푸드로 규정해 교내 판매를 금지하고 있다.

그러나 원래부터 타고 난 정크푸드는 없다. 모든 식품은 영양소 공급, 기호성, 편리성 등 고유의 좋은 기능을 갖고 있지만 미량이나마 독성이 있는 위해인자를 갖고 있다. 즉, 햄버거, 피자 등이 저렴하고 편리하게 한 끼 때울 식사로 제공되는 것이 문제가 아니라 신선하지 못하고 품질이 낮은 재료를 사용한 것이 문제다.

만약 신선하고 품질 좋은 원재료를 사용한다면 패스트푸드는 조리 후 빨리 제공되고 편리한 음식이므로 오히려 위생, 안전 측면에선 미생물이 번식할 수 있는 시간을 제공하는 슬로우푸드에 비해 장점이 크다고 볼 수도 있다.

최근 패스트푸드로 대표되는 정크푸드 관련 업계들은 나쁜 이미지를 쇄신하고자 노력하고 있는데, 간편하고 편리한 음식이라는 주목적에다가 건강에 좋은 이미지를 덧붙이기 위해 친환경재료를 사용하고 동물성지방을 식물성으로 대체하기도 하며, 메뉴와 조리, 보관법도 바꾸는 추세다. 인공보존료와 인공향을 제거한 신제품, 호르몬, 항생제, 스테로이드를 맞지 않은 고기를 사용한 제품, 유기농채소, 냉동기간을 줄이고 신선도를 증가시켜 '정크'가 아닌 '건강'을 파는 이미지로 바꾸겠다는 전략이다.

게다가 최근 "패스트푸드가 건강에 해를 주지 않는다"는 미 워싱턴의대 클레인 박사의 연구가 세계적 학술지 임상연구저널에 실려 패스트푸드와 정크푸드가 인슐린 저항, 고 콜레스테롤, 고혈압, 지방간에 직접적 영향을 주지 않는다고 하니 이들에 붙여진 오명이 점차 해소될 것으로 생각된다.

일본 도쿄대 연구진이 세계 25개국 57개 장수마을에서 찾은 장수비결 10가지를 살펴보면, '소식(小食)' 3가지(소금, 동물성 지방, 술), '다식(多食)' 3가지(과채류, 우유, 치즈, 요구르트 등 유제품, 콩과 생선류), '식사습관' 2가지(골고루 음식섭취, 가족과 함께 식사), '생활습관' 2가지(부지런히 몸을 움직이기, 삶이 힘들어도 낙천적으로 즐기기)다.

음식이 원인이 돼 건강을 해치는 원인은 복합적이다. 이제부터라도 소비자는 '비만'이나 건강을 잃은 원인을 정크푸드, 패스트푸드에만 돌리지 말고 '편식, 과식, 폭식, 야식, 운동부족 등 나쁜 습관'에 있는 게 아닌지 다시 한 번 생각해 보고 '균형되고 절제된 식습관과 생활습관'을 지키도록 노력해야 할 것이다.

정크푸드 낙인이 한번이라도 찍히면 어떤 식품이라도 시장에서 성공하기 어렵다. 정크라는 이미지가 소비자 입에 오르내리기 시작하는 순간 '불량식품'으로 인식돼 식품업계는 민감할 수밖에 없다. 정크푸드 낙인은 주로 지방, 당, 나트륨과 같은 위해가능 영양성분을 다량 함유한 식품에 찍히게 되는데, 햄버거, 피자, 라면, 아이스크림, 씨리얼, 캔디, 초콜릿 등이 대표적이다.

그러나 최근 식약처 조사에 따르면 238종의 외식음식 중 열량이 가장 높은 것으로 보쌈이 선정됐다. 1인분(300g) 기준으로 1,296kcal로 일일권장칼로리(남자 2,200, 여자 2,100kcal)의 절반을 훌쩍 넘는다. 김치도 나트륨 과잉 섭취의 원흉이라 하니 우리 고유의 건강식, 전통발효식품까지도 소비자의 눈에 정크푸드로 보여질까 걱정된다.

비만, 고혈압, 당뇨 등 '영양유래 질환'은 유전성을 포함한 내적요인과 식사와 같은 외적요인에 의해 발생되는데, 후자의 위해성이 더 큰 것으로 알려져 있다. 식사유래 외적요인은 식품 자체의 위해가능 영양성분 함량, 섭취하는 식품의 총량, 식품의 섭취형태 등 '식품자체의 위해성'과 '식생활습관'에 영향을 받는다. 그러나 많은 소비자들은 영양유래 질환이 주로 영양 불균형 식품에 의해 발생한다고 잘못 알고 있고 이런 여론이 식품안전정책, 영양정책에 반영돼 국가의 산업 규제정책의 왜곡으로 이어지고 있다고 생각된다.

사람이 먹는 모든 식품은 양면을 갖고 있다. 절대 좋은 절대선도 없고 절대악 식품도 없다. 예를 들면, 김치는 배추와 고춧가루, 젓갈 등 원재료가 갖는 영양소와 발효 시 생성된 유산균, 유기산, 비타민 등이 풍부해 너무나 좋은 식품이다. 반면 소금함량이 높아 나트륨 과잉섭취의 원흉이 되고 있고 발효 시 에틸카바메이트, 니트로사민 등 발암성 물질이 생성돼 문제 식품이라 볼 수도 있다.

일장일단이 있어 먹어야 할지 말지의 선택은 소비자의 몫이다. 그러나 일반적으로 발효 시 자연스레 만들어지는 발암성 물질은 암을 일으킬 정도의 양은 아니라는 것과 소금도 다량 함유돼 있으나 건강에 악영향을 주는 수준은 아니라는 생각으로 맛, 영양 섭취 등 이익에 가려 대부분 그냥 먹는다.

씨리얼은 어떤가? 당 함량과 칼로리가 높은 탓에 정크푸드라 한다. 그러나 이는 아침식사 대용이고, 한 끼 식사가 되려면 당연히 칼로리가 높아야 한다. 햄버거도 마찬가지다. 고기를 갈아서 기름에 구워 만든 패티를 빵에 넣어 만들기 때문에 지방함량이 높고 고단백이다.

식사대용이므로 한 끼 식사에 달하는 칼로리는 당연한데, 대표적 정 크푸드로 알려져 있다. 햄버거의 재료는 빵, 고기패티, 채소가 주원료이 고, 소금, 후추 등 첨가물이 사용된다. 신선하고 품질 좋은 밀가루, 고기, 채소를 사용한다면 전혀 위험할 것이 없는 완전식품이다.

그러면 영양유래 질병은 무엇이 만드는 것일까? 답은 식습관 문제다. 햄버거, 라면, 김치, 씨리얼만 매일 세 끼씩 먹으면, 당연히 영양불균형 이 발생한다. 그러나 기호식으로 어쩌다 한 번 섭취하는 정도라면 질병 의 원인이 되지는 않을 것이다. 식품의 위해성은 식품 자체의 위해인자 (위해가능영양소)와 그 섭취량에 의해 결정되는데, 섭취량이 더 큰 영 향을 준다.

라면 내 소금의 영양적 위해성을 줄이기 위해서는 라면스프의 소금 함량을 10~20% 줄이는 노력보다는 '라면 섭취량 줄이기' 또는 '국물을 반만 먹고 버리는 습관'이 더 큰 효과를 줄 것이다.

한 끼 식사로 손색이 없는 햄버거도 비만의 원인이라 한다. 바쁜 현대 인들의 간단한 아침식사인 씨리얼 역시 당이 많아 당 유래 질환의 원인 이라 한다. 이러한 영양적 불균형에 의한 건강상 위해는 식품 자체보다 는 식품의 섭취습관이 더 큰 영향을 준다. 즉, '정크푸드'가 있는 게 아 니라 '정크식습관'이 있을 뿐이라는 것이다.

사실 모든 식품은 어느 정도의 위해인자를 갖고 있다. 지나치게 많은 섭취나 편식이 독을 만드는 것이다. 영양제, 건강기능식품도 일회, 일일 섭취량이 정해져 있는 것은 다 이런 이유다. 소비자들이 진정 원하는 것 이 식품 자체의 함량을 줄이는 것만은 아닐 것이다. 오히려 맛이 변하고 가격도 인상돼 원치 않을지도 모른다. 식품마다 단백질, 지방, 당이 적절히 존재해야 식품으로서의 맛과 가치를 갖게 되기 때문이다.

정부는 소비자 대상 식습관 교육이 어렵고 중장기적 과제라 단기에 효과를 보이기 쉬운 '식품 중 함량 줄이기'로 섭취량을 관리해 건강 문제를 쉽게 해결하려고 하는 것이다. 그러나 그 효과는 실질적으로 매우 적고, 소비자 대상 올바른 식생활 교육에 훨씬 미치지 못한다.

이제부터라도 소비자는 영양유래 질환의 원흉을 영양불균형 식품에만 돌리지 말고 편식, 과식, 폭식, 야식, 운동부족 등의 나쁜 식생활 습관에 있는 게 아닌지 다시 한 번 생각해 보고 균형 있고 절제된 현명한 식생활 습관을 갖추는 노력이 필요할 것이다.

## 재미있는 식품 사건 사고

패스트푸드는 식품위생법의 관점에서 보면 즉석섭취식품으로 분류될 수 있습니다. 즉, 바쁜 현대인들이 복잡하고 시간이 오래 걸리는 조리시간을 절약할 수 있도록 대부분의 식재료를 간단히 데우는 것으로도 섭취할 수 있도록 준비된 식품을 말합니다.

이런 즉석섭취식품은 충분한 영양공급을 위해서 다양한 식재료를 사용하다 보니 식중독이나 이물 사건이 빈번히 발생하고 있습니다. 햄버거나 도시락의 경우 냉장 보관이 원칙이므로 10℃로 유통 및 보관되어야 하나, 판매점에서 이를 제대로 지키지 않아서 세레우스 식중독균(Bacillus cereus)이 기준을 초과하는 사건이 매우 많이 발생하고 있습니다.

구매, 섭취가 편리한 만큼 식중독 등 위험성이 내포돼 있으므로 판매점이나 소비자 모두 온도나 유통기한 점검에 신경을 써야 합니다.

# 18) 건강기능식품

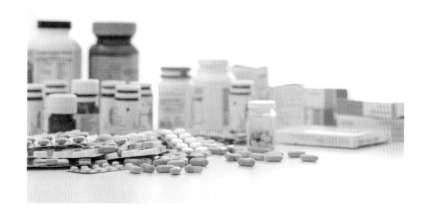

최근 건강기능식품이 약으로 둔갑해 팔리는 사건이 일어나 세상을 떠들썩하게 했고, 무허가 원료와 허가량 이상 과량 사용 등 많은 오용사건이 발생하고 있다.

'기능성식품(functional food)'은 일반적으로 생체조절기능(3차기능)을 갖는 식품을 말한다. 국제적으로는 기능성식품(functional food), 건강식품 또는 보건식품(health food), 건강기능식품(health functional food), designer food, 약효식품(nutraceuticals), 식이보충제(dietary supplement), 비타푸드(vitafood) 등의 용어로 다양하게 사용되고 있다.

미국에서는 '기능성식품(functional food)'과 '약효식품(nutraceuticals)'이라는 용어를 유사하게 사용하며, 이들에 대한 별도의 법률은 없다. 그러나 '식이보충제'의 경우, 1994년 제정된 「식이보충제 건강/교육법 (Dietary Supplement Health and Education Act, DSHEA)」의 규제를 받는다. 이 법은 식이보충제를 "통상적인 식품의 형태를 띠지 않으며, 특정성분의 섭취를 증가시켜 식단을 보조하기 위해 해당 성분을 공급하는 식품"으로 정의한다.

주로 일반식품으로부터 특정성분을 추출, 농축하여 분말, 과립, 정제, 캡셀 등의 형태로 섭취하는 식품을 의미한다. 약품의 형태를 가지고 있지만 약은 아니며 기능성성분을 의약품 형태인 캡셀, 정제 등으로 만든 것을 말한다. 유럽에서의 개념 또한 미국과 유사하나 의약품 형태가 아닌 일반식품의 형태만을 인정하고 있다.

일본에서는 1991년부터 '특정보건용식품(Foods for specified health use)'이라는 용어를 사용하였고 2001년 4월에는 특정보건용식품과 영양기능식품을 분류했다. 특정보건용식품이란 "신체의 생리학적 기능 등에 영향을 주는 보건기능성분을 함유하는 식품으로 건강의 유지, 증진 그리고 특정 보건용도에 도움이 되는 것"을 말하고, 영양기능식품이란 "고령화, 불규칙한 식생활 등으로 보통의 식생활을 유지하는 것이 곤란한 경우에 부족한 영양성분의 공급, 보완에 도움이 되는 것"으로 정의하고 있다. 특히, 과거에는 의약품과 구분하기 위해 식품의 형태로만 제조할 것을 규정했으나 규제 완화 차원에서 정제와 캡셀의 형태를 인정했다.

중국에서는 「보건식품관리방법(1996년)」에 '건강기능식품(보건식품)'은 특정보건기능이 있는 식품으로 정의한다. 즉 특정한 사람이 식용하기에 적합하고 신체기능을 조절하는 기능이 있으며 질병치료를 목적으로 하지 않는 식품으로 정의하고 있다.

대만에서의 '건강기능식품'은 「건강식품관리법(1999년)」에서 "특별하게 명명되거나 표시가 되는 특수한 영양소 또는 특수한 건강관리효과가 있는 식품을 의미"하며, 인간의 질병을 치료하는 것은 아니다.

우리나라의 「건강기능식품에관한법률(법률 제8941호, 2008.3.21)」에 의하면 건강기능식품이란 '인체에 유용한 기능성을 가진 원료나 성분을 사용하여 제조(가공을 포함)한 식품'을 말한다. '기능성'은 인체의 구조 및 기능에 대하여 영양소를 조절하거나 생리학적 작용 등과 같은 보건용도에 유용한 효과를 얻는 것을 말하는데, 구 「식품위생법」에서는 '유용성'으로 표현했었다.

우리나라 건강기능식품은 식약처장이 기준 및 규격을 고시하는 '고시형 건강기능식품'과 영업자가 개별적으로 식약처로부터 기준 및 규격을 인정받는 '개별인정형 건강기능식품'으로 나눈다. 고시형은 현재 시중에서 판매되고 있고 고시된 기능을 표시할 수 있도록 되어 있어 추가로 기능성 및 안전성 평가가 필요하지 않다.

국내 건강기능식품의 시장은 1990년대 도입기를 거쳐 2004년 「건강기능식품에관한법률」 시행 및 2008년 '건강기능식품공전' 개정 등을 거치면서 시장의 수요와 규제가 맞물려 급속한 성장세는 꺾였으나 우리나라의 경제적 성장과 건강에 대한 관심 증대로 꾸준한 성장률을 유지하고 있다.

시장규모는 2010년도부터 생산액이 1조 원을 넘기 시작했다. 이 중

홍삼제품이 부동의 1위이며, 전체 건강기능식품의 절반 이상을 차지한다. 특히, 원료가 공개된 고시형의 성장세가 꺾인 반면, 차별화된 제품화가 가능한 개별인정형 제품이 빠른 성장세를 이어가고 있어 2016년 말 기준 581건이 인정받고 있다. 개별인정형은 체지방감소와 간 건강 관련제품이 가장 높은 비중을 차지하고 있으며, 그 다음이 관절/뼈, 면역기능, 눈 건강 등의 순이다.

기능성식품 제조기업은 한국인삼공사가 1위를 차지하고 있으며, 마임, 한국야쿠르트, 남양, 태평양제약이 그 뒤를 잇고 있다. 그러나 한국인삼공사, 셀바이오텍 등 일부 업체를 제외하고는 대부분 내수에 의존하고 있어 그 성장세가 한계를 보이고 있다.

미국의 영양, 기능성식품 관련 시장규모는 2008년에 1,000억 달러를 돌파했고, 현재 2,000억 달러에 근접한 것으로 알려지고 있다.

일본도 2조 엔이 넘는 시장규모로 급성장 중에 있다. 최근의 성장세는 신종플루 등 전 세계적 감염질환 만연, 일본 고령화 사회의 확대, 의료 및 복지, 건강 정책에 대한 불안, 건강기능식품에 대한 소비자의 기대치 상승 등이 원인인 것으로 분석된다. 또한 일본은 무점포 판매인 방문판매와 통신판매의 비율이 약 70%에 달하는 유통의 특징을 갖고 있다. 특히 통신판매시장의 성장이 돋보인다. 기능성 성분으로는 콜라겐과 글루코사민을 필두로 뼈 건강, 간 기능 개선, 미용 제품의 수요가 꾸준히 증가하고 있다.

중국의 보건식품 시장 또한 중국인의 생활수준 향상에 따라 향후 급격한 성장이 예상되는데, 면역력 강화, 혈액 지질조절, 피로회복 등이 주류를 이루고 있다고 한다.

앞으로 우리 건강기능식품시장은 개별인정형을 중심으로 시장이 활성화될 것으로 전망된다. 그중 은행잎추출물은 심혈관계질환 개선과 기억력 개선효과까지 가지고 있어 주목을 받고 있다. 녹차추출물의 경우도 신규 개별인정 기능성인 체지방감소의 고시형 추가로 매우 유망하다. '천연(天然)'마케팅은 다방면으로 지속될 것으로 생각된다.

글루코사민과 오메가3지방산의 효능과 안전성에 대한 부정적 사실 보도, 백수오사태 등으로 소비자들의 관심이 다른 소재들로 대체될 것으로 예상된다. 그러나 홍삼의 인기는 꾸준히 유지될 것이며, 헛개나무 추출물과 비타민 제품도 지속적으로 성장할 것이다. 향후 각광받을 것으로 예상되는 테마는 '숙면/건강수면' 기능성에 대한 소비자의 니즈와 스트레스 및 긴장 완화 기능성 소재가 유망할 것으로 예상된다.

## 재미있는 식품 사건 사고

식품의약품안전처가 기능성에 대한 인증을 심사하고 확인해 주기 때문에 소비자들은 일반식품에 비해 더 비싼 가격을 지불하고 구매하고 있습니다. 그러나 2015년 '가짜 백수오 사건'이 발생하면서 건강기능식품의 신뢰성은 큰 타격을 입었습니다. 당시 여성갱년기에 도움을 줄 수 있다는 인증을 식약처로부터 받아 큰 인기를 끌고 있던 제품에 백수오가 아닌 유사 품종으로 알려진 이엽우피소가 함유돼 있다는 소비자원의 검사 결과가 나오면서 큰 이슈가 되었고, 수백억 원대의 환불과 각종 손해배상 사건이 발생했습니다.

다만 백수오추출물을 제조해서 독점적으로 공급하던 업체는 고의성이 없다는 이유로 무혐의 처분을 받아 전 국민의 공분을 사기도 했으나 이후 백수오 제품은 신뢰를 잃고 시장에서 점점 사라져 가고 있습니다.

# 19) 튀김식품

지난 설에 '탄수화물 바싹 튀기지 마세요!'라는 '갈색 음식' 경계령이 내려졌다. 특히 설음식은 튀김, 부침 등 유난히도 기름을 많이 쓰는 음식이 주를 이룬다. 튀김이 몸에 좋지 않다는 말이 있다. 이는 근거가 있는 말인데, 지방이 많은 데다 조리과정 중 유해물질이 생기기 때문이다.

최근 때맞춰 외국에서도 밀가루나 감자처럼 탄수화물이 많이 든 식품을 고온에서 오래 조리해 먹으면 암 위험이 커진다는 경고가 잇따르고 있다. 이는 고탄수화물 식품을 섭씨 120도 이상의 고온으로 조리할 때 생기는 '아크릴아마이드(acrylamide)' 때문이다.

세상에 공짜는 없는 법! 인류는 불맛을 즐긴 대가를 치러야 한다. 불을 사용해 토스터에 오래 구운 식빵, 기름에 오래 튀긴 감자는 바삭바삭한 식감과 고소한 맛을 얻는 대신 갈색이 진해질수록 암 발생 위험은 커지게 된다.

조리 중 생성되는 발암물질인 아크릴아마이드는 무색의 백색 결정으로 1950년대 중반부터 공업용으로 사용되던 화학물질이다. 펄프, 제지공정, 폐수처리와 같은 다양한 산업 분야에서 사용되며 실험실에서도 겔 형성 용도로 사용된다. 특히 감자, 시리얼 등 탄수화물이 풍부한 식품을 고온에 조리했을 때 아스파라긴산과 당의 화학반응에 의해 생성된다. 다행히도 식품의 조리온도가 섭씨 120도 이하에서는 생성되지 않고 그 이상 고온에서만 다량 생성되는 특징이 있다.

2002년 4월 스웨덴 식품규격청이 아크릴아마이드 생성 사실을 처음 보고한 후 여러 나라가 그 위험성을 경고하기 시작했다. 미(美) 식약청(FDA)도 지난 2013년부터 음식 속에 든 아크릴아마이드 섭취를 줄여야 한다고 경고했으며, 최근엔 영국 식품기준청(FSA)도 뒤를 이었다.

세계보건기구(WHO)의 국제암연구소(IARC)는 아크릴아마이드를 '2A군 발암물질'로 분류했다. 2A군 발암물질은 동물실험에서는 발암성 입증자료가 있으나 사람에게는 아직 발암성이 입증되지 않은 물질이다. 또한 (美)산업위생사협회(ACGIH)도 아크릴아마이드를 동물에게는 발암성이 있으나 인체에서는 발암성이 확인되지 않은 'A3 등급' 물질로 분류하고 있다.

국제적으로 아크릴아마이드와 관련된 식품 중 유해기준은 없지만

WHO는 마시는 물에 한해 하루 권장량을 리터당 0.5 ppb(1 ppb는 10억분의 1 미만으로 제한하고 있다. WHO가 식품 중 아크릴아마이드의 위해성 평가를 수행한 결과, 식품 섭취를 통한 노출은 인체에 악영향을 주지는 않는다고 한다. 우리나라에서도 식약처가 유통 중인 가공식품을 모니터링해 오고 있는데 이미 10년 전부터 우리 산업체가 정부 권고에 따라 저감화사업을 추진해 온 터라 그 발생량이 매우 낮아 안심해도 된다고 한다.

그렇다 하더라도 아크릴아마이드는 먹어서 우리 몸에 이로울 게 전혀 없는 '소소익선(少少益善)'의 물질이다. 현대의 식단에서 완전히 제거할 순 없지만, 조리법만 살짝 바꿔도 섭취량을 상당히 줄일 수 있다. 특히 고온이나 지나치게 긴 시간 조리해서 섭취하는 것을 피해야 하는데, 굽거나 튀기거나 볶을 땐 검게 태워서는 안 되며, 황금빛이 돌 때까지만 조리하는 게 좋다. 비만학회에서도 아크릴아마이드 감소뿐 아니라 체중조절을 위해서도 볶음이나 튀김 대신 '찜, 구이, 삶기' 등과 같은 음식 조리법을 권장하고 있다.

### 재미있는 식품 사건 사고

튀김식품을 조리하기 위해서는 반드시 식용유를 사용하게 되는데, 식물성 식용유의 경우 지방을 분리하기 위해서 압착식과 용매추출 방법을 사용하고 있습니다. 압착식의 경우 분리효율이 낮아 제품 가격이 높아져서 일반적으로 용매추출 방법을 사용하며, 이 경우 헥센을 용매로 활용해서 식물의 지방성분을 추출한 후 가열하여 헥센을 휘발시키는 공정이 진행됩니다.

그런데 헥센은 석유에서 추출하기 때문에 고도의 정제가 되지 않은 경우 발암물질인 벤젠이 극미량 함유될 수밖에 없습니다.

2015년 식용유지에 벤젠이 함유되어 있었다는 이유로 1심에서 벌금 120억 원과 3년 6월의 실형을 받았던 식용유지류 제조업자가 항소심에서는 무죄를 선고받은 사건이 있었는데, 독성학의 아버지 파라셀수스(Paracelsus)의 격언처럼 "위해성은 양이 만드는 것이지 검출 여부가 중요한 것이 아니다"는 것을 보여준 대표적 사례입니다.

# 20) 고지방-저탄수화물 다이어트 식품

　얼마 전 '고지방-저탄수화물 다이어트 신드롬'으로 버터가 품귀현상을 빚었다고 한다. 한때 다이어트의 적으로 알려졌던 지방이 오히려 살을 빼는 데 효과적이라는 사실이 알려지면서 최근까지만 해도 지는 제품군이었던 버터가 제 세상을 만난 것이다. 게다가 버터 인기에 편승한 천연마케팅으로 '천연버터'까지 나와 난리가 났다고 한다. 버터는 없어서 못 팔고 치즈, 삼겹살도 인기가 하늘을 찌르는데, 안 그래도 남아돌아 문제인 쌀은 더 팔리지 않는다고 한다.

사실 지방은 항상 나쁜 것이 아니라, 인간의 생명 유지에 없어서는 안 될 필수적인 존재다. 리터당 9kal의 에너지(열량)를 제공하며 지용성 비타민(A, D, E, K)의 체내 흡수와 이용을 돕는다. 우리 국민 한 사람이 하루에 섭취하는 지방의 양은 평균 46.1g으로 하루 섭취 총열량(2,000kal)의 20% 가량을 지방을 통해 얻는다고 한다. 식약처에서 제시하는 지방의 하루섭취권장량(영양소 기준치)이 50g이고, 세계보건기구(WHO)의 60g 이하 권고치와 비교하면 양호한 수준이다.

사람들은 건강에 문제가 생기면 자신의 식습관과 생활습관은 생각지 않고, 그 원인을 죄다 음식에 돌린다. 고기, 계란, 우유, 밀가루, 패스트푸드, 탄산음료, 설탕, 소금, 첨가물 등등 누가 일부러 먹인 게 아니라 자신이 선택해서 먹은 것인데도 "음식이 나빠 그렇다"고 하고, 그걸 만들어 파는 사람에게 죄를 뒤집어씌운다.

그러나 약은 부작용이 생기거나 수면제 등을 남용해 과량 복용하고 자살한 사람의 책임을 수면제에다 돌리거나 만들어 판 제약회사에 물리지는 않는다. 유독 식품에만 그렇게 화풀이한다.

작년 WHO산하 IARC에서는 고기를 1군 발암물질로 지정하기도 했지만, 반대로 "고기 먹는 사람이 오래 산다"고 주장하는 학자들이 더 많다. 고기가 주는 면역 강화효과를 더 크게 본 것이다. 실제 고기를 잘 먹지 못하던 과거와 북한과 같은 빈곤국 국민들의 평균수명이 더 짧다. 한국의 기대수명이 해방 전 45세 미만, 1960년 52.4세, 2005년 78.5세, 2016년 현재 82.2세로 급격히 늘어나고 있는 것을 보면 알 수 있다.

1980년대 이후 설탕 소비량은 지속적으로 감소해 왔지만 비만율은 폭발하고 있다. 비만율의 원인은 설탕이 아니라 총칼로리 섭취량의 증가였다. 즉, 주된 열량원이 무엇인가가 아니라 양이 문제였다는 것이다. 물론 자동차 등 편리한 교통수단의 보급으로 인한 운동 부족 등도 거들었을 것이다.

지방을 떠나 건강을 해친 원흉인 나트륨, 당 등 사람이 먹는 모든 음식은 양면적이다. 어느 음식도 예외가 없다. 약점을 후벼 파 해코지를 하려 한다면 모든 음식을 다 악(惡)으로, 독(毒)으로 만들 수가 있다.

대부분의 전문가들은 '고지방-저탄수화물 식단'을 해서는 안 된다고 하고 '고지방 다이어트'가 무조건 지방을 많이 먹으라는 뜻은 아니라고 한다. 비만 등 성인병이 걱정이라면 "저지방 식이냐, 고지방 식이냐, 저탄수화물이냐, 고탄수화물이냐"를 논할 것이 아니라 식사량을 줄이고 소모 칼로리를 늘여 체내 총 잉여 칼로리를 줄이는 방향으로 접근해야 옳다.

음식이 원인이 돼 건강을 해치는 원인은 복합적이다. 비만이나 건강을 잃은 원인을 식품 자체에만 돌리지 말고 편식, 과식, 폭식, 야식, 운동부족 등 나쁜 습관에 있는 게 아닌지 다시 한 번 생각해 보고 절제된 식습관과 생활습관을 지키도록 노력하기를 당부하고 싶다. 음식이 무슨 죄가 있는가? 먹을 '식(食)'자는 '사람 인(人) + 좋을 량(良)'이다. 즉, 사람에게 좋은 것을 말한다. 오남용하고 탐닉하고 나쁘게 만든 사람이 잘못이다. 죄 없는 음식을 나쁘게 만들어 공포를 조장하는 사람들에 대한 경고가 필요한 시점이다.

## 재미있는 식품 사건 사고

「식품위생법」 위반 사건 중에서 가장 많이 발생하는 것이 바로 과대광고 사건입니다. 체험기를 통한 광고나 소비자에게 의약품이나 건강기능식품으로 오인·혼돈하게 하는 광고의 경우 처벌을 받게 되는데, 실제로 특수용도식품이나 건강기능식품으로 인정받지 않은 제품들은 '체중조절'이나 '다이어트' 등의 용어를 사용할 수 없습니다.

그러므로 엄밀히 따지면 일반 식품을 섭취하면서 체중을 조절할 수 있는 유일한 방법은 결국 섭취량을 조절하는 방법밖에 없습니다. 하지만 일부 수입업체에서는 국내에서 사용할 수 없는 원료나 의약품원료가 포함된 해외에서 판매되는 건강보조식품을 수입·판매하다가 적발되는 사례가 많이 발생하고 있는데, 안전이 보장되지 않은 이런 식품들을 다이어트 목적으로 섭취하다가 건강을 해치는 경우가 발생할 수 있으므로 주의해야 할 것입니다.

# 21) 길거리식품(로드푸드)

'길거리 식품(Street food, Road food, Street vended food)'은 간단히 길거리에서 먹는 음식인데, 세계보건기구(WHO)에서는 '노상이나 기타 공공장소에서 노점 상인에 의해 만들어져 판매되는 식품이나 음료로서 즉석에서 섭취되거나 더 이상의 가공처리 없이 일정시간 후에 섭취되는 것'으로 정의한다. 주로 떡볶이, 김밥, 샌드위치, 토스트, 튀김류, 어묵 꼬치, 핫도그, 붕어빵, 순대, 닭꼬치, 오징어 등이 판매되고 있다.

최근 '로드푸드'가 화제인데, 한국식품외식발전협회에서는 '길거리식품(노상식품)'과 '장터식품'을 포괄하는 개념이라고 한다. 장터식품은 우리나라에서 연간 1,000회 이상의 전국 축제행사장의 장터에서 판매되는 음식을 일컫는다.

길거리식품의 경우, 우리나라에서는 「식품위생법」상 음식점으로 신고하지 않고 거리에서 판매하는 식품이므로 불법이다. 동 법 제36조, 제41조 '세척 및 하수시설 등 식품판매 기준'을 준수하지 않아 단속의 대상이 된다. 음용수, 폐기물처리 등 법(신고제) 규정에 위배되며, 「도로교통법」 제40조를 위반해 공공장소에서 불법적으로 상업활동을 영위하며, 「오물청소법」 등에 간접적으로 규제되고 있다. 또한 「부가가치세법」 등 관련법에 따라 세금도 부담하지 않고 있는 실정이다.

그러나 대부분 생계 유지형으로 영세하게 운영되어 실효성 있는 단속이 어렵고 합법적 위생관리가 불가능하여 위생관리의 사각지대가 되고 있어 국민들의 우려와 질책의 대상이 되고 있다. 그러나 노상이라도 허가받은 장소와 시설 내에서는 조리가 아닌, 간단한 가열과 냉장보관하며 즉석섭취하는 식품에 한해 각 지자체별로 조례로서 인정하고 있어 노상에서도 허가받은 판매시설물을 볼 수가 있다.

전 세계 인구의 약 14%가 매일 길거리식품으로 끼니를 해결한다고 한다. 하루 기준 25억 명이 소비한다고 알려져 있으며, 우리나라에서도 약 20만~100만 명이 종사하고 있다고 한다. 서울시에서 추산한 서울시 내 노점 수는 약 만 개라고 한다. 유형별로는 좌판이 절반을 차지하고 있고, 손수레가 약 20%, 포장마차와 차량이 각각 10%씩을 차지하고 있다. 품목별로는 음식조리가 약 40%를 차지한다.

세계적으로 관광 상품화되고 있는 로드푸드는 프랑스의 크레페(햄,

치즈, 달걀), 케밥 형태의 샌드위치 등, 독일의 소시지 햄버거, 맥주, 위스키, 보드카, 조각피자(take-out) 등, 호주의 소시지(얇은고기+튀긴양파+바비큐소스), 샌드위치, 파이, 토마토소스, 완두콩스프 등, 중국의 동그란 볶음밥, 볶은 국수, 쌀·밀가루국수, 곤충요리, 케밥 등, 홍콩의 쇠고기꼬치, 카레생선볼, 만두 등, 인도의 chaat(톡쏘는 맛의 과일샐러드), vada par(삶아 으깬 감자튀김 요리) 등, 필리핀의 발룻(balut), 생선(오징어) 어묵 등, 태국의 국수류, 고기카레, 소시지 등이 있다.

길거리 음식의 특성을 살펴보면, 접근성, 편리성, 신속성, 경제성에서 우위에 있다. 주로 지하철역 인근, 유동인구가 많은 지역에 위치하여 접근이 쉬우며, 바쁜 출근시간대에 대기하지 않고 바로 구매가 가능하고 패스트푸드, take-out식품, 스낵 등으로 존재하여 서비스가 빠르다. 또한 작은 투자비와 소자본으로 영세 생계형으로 운영되며, 임대료를 지불하지 않고, 대부분 저렴한 식재료를 사용하므로 가격도 저렴하고 이익도 크다.

제도적으로는 불법이나, 서민생계 보호차원에서 특정장소에서 허용해 주고 있으며, 전 세계적으로 관광객들을 대상으로 한 길거리식품이 활성화되는 추세다. 그러나 좁은 공간에서 조리·판매하다 보니 위생적으로 취약한 단점이 있어 관광 상품화되기 위해서는 위생관리가 반드시 해결해야 할 숙제다.

WTO(세계무역기구)에서 전 세계 100개 이상 국가별 길거리식품의 위생상태를 조사한 결과, 대부분 비위생적인 시설·설비, 식중독 발생, 관리감독 소홀 등 많은 문제가 제기되었다. 이에 EU(유럽연합), 미국 등 주요 선진국은 WHO(세계보건기구), CODEX(국제식품규격위원회)에서 권장하는 HACCP에 근거한 위생기준, 안전선행요건 등을 준수하고 있으나 저개발국가는 아직 미흡한 실정이다.

우리나라에서도 2008년 2~3월 소비자시민모임이 길거리식품 이용경험 소비자를 대상으로 설문조사한 결과, 길거리식품이 안전하다고 대답한 소비자는 4%에 불과하였고, 절반 이상이 판매환경의 위생상태에 불만족하고 있다고 한다.

또한 서울시보건환경연구원(2006), 한국보건산업진흥원(2007), 서울특별시(2008~2010)의 서울시내 길거리식품 안전성 검사 결과, 공통적으로 미생물 오염이 문제시 되었으며, 식중독균도 다수 검출되어 비위생적 제조, 보관, 판매 문제가 제기된 바 있다.

세부적으로는 길거리식품 판매시설 내 원료의 절단세척 설비 미비, 원료 보관에 필요한 냉장시설 미비, 납품 원료의 위생문제, 부적합한 음용수, 세척수 등 용수 문제, 상하수도 시설 미비, 비위생적인 플라스틱 물통 사용, 노점 영업자의 식품위생 지식 결여 등의 문제가 제기되었다.

특히 서울시의 즉석섭취식품 검사결과, 12%가 부적합으로 판정받은 것으로 보아 위생관리 문제가 정말 심각하다. 특히 김밥, 샌드위치, 토스트 등에서 대장균, 식중독균, 산가 초과 등이 심각했다. 또한 2008년 중앙대학교 '길거리식품 위생관리실태조사'에서도 시설과 설비가 가장 미흡한 것으로 조사되었다.

이러한 위생문제 해결을 위해 선진국에서는 길거리 노점상, 이동차량에서 식품 취급을 허가제로 운영하며, 위생적 취급, 위생교육 이수 등에 관한 규정을 제시하고 있다. 대부분 단순가온식품(핫도그), 냉장 캔음료, 스낵 등 간편식만을 허용하고 있으며, 일본에서는 생선회나 익히지 않은 식품의 판매를 금하고 있다.

또한 판매시설의 위치와 영업시간을 제한하며, 상수도와 전기시설을 제공하고 있다. 우리나라에서는 그간 길거리식품을 도로점유, 보행지장, 위생문제 등의 사유로 단속대상으로 관리해 왔으나, IMF(국제통화기금) 외환위기 이후 지자체의 노점상 단속이 완화되었고, 대부분 영세한 생계형이라 엄격한 법 적용을 하지 못하고 있는 상황이다.

현행 「식품위생법」에는 음식물을 조리·판매하는 경우 식품접객업의 영업신고를 하여야 하나 길거리식품은 건축물이 아닌 관계로 영업신고를 할 수 없다. 다만, 고속도로, 자동차전용도로, 공원·유원시설 등의 휴게장소에서 음식물을 조리·판매하고자 하거나 시·군·구청장이 따로 정하는 경우에는 신고하여 영업이 가능하다. 건축물이 아닌 자동차에서도 시설기준에 적합한 시설을 설비하면 영업이 가능하다.

물론 「도로교통법」에 의한 불법도로 점유 문제가 우선 해결되어야하며, 당일 사용하는 용수·식수 등을 저장하는 용기와 폐수·폐기물처리 시설 등 위생적 취급이 전제되어야 하므로 지자체에서 특정지역 등을 정하여 합법적인 영업 활동으로 지원하는 방안이 가능할 것이다. 또한 길거리식품이 합법화된다면 농식품부에서도 이를 외식산업의 일부로 보고 위생·창업 교육지원, 원료 농산물 산지 직거래 연결, 지역특산물을 활용한 향토산업으로 지정, 육성 등의 진흥책을 검토하고 있다고 한다.

향후 길거리식품이 우리나라에서 합법화된 하나의 문화 및 외식산업으로 자리를 잡기 위해서는 반드시 관광사업과 연계돼야 하며, 떡볶이 등 글로벌 메뉴를 개발하는 노력이 필요할 것이다. 지방자치단체에서는 길거리식품 판매시설 개보수 비용 지원, 전기 및 용수 제공체계 구축, 영업시간 및 장소 제한, 판매업주 대상 위생교육 등을 실시하여야 할 것이다.

식약처에서는 업종을 신설해 관리해야 하며, 길거리식품 판매시설의 위생관리지침을 제정하고, 위생등급표시제 등을 시행해야 할 것이다. 길거리식품은 경제가 어려운 이 때 우리나라의 새로운 신 산업군으로 역할을 할 수 있을 것이며, 도로점유세나 사업자 등록에 의한 국가 세수 증대에도 기여할 것으로 기대된다.

## 재미있는 식품 사건 사고

「식품위생법」에서 징역 10년 이하 또는 벌금 1억 원 이하를 병과할 수 있는 최고의 처벌규정 적용 사례 중 하나가 바로 소위 '무허가영업'입니다. 특히 영업자가 아닌 자가 제조·가공·소분한 경우가 여기에 해당됩니다. 길거리식품의 경우 「식품위생법」에서 규정된 영업의 정의에 따라 휴게음식점 영업신고를 해야 하나 여러 가지 이유로 이를 위반할 경우 무신고 자체로도 처벌을 받게 됩니다. 그러나 실제 사건을 보면 위생문제가 가장 많이 발생하고 있는데, 불결한 식재료나 조리기구 등으로 인해 식중독 등 다양한 위해가 발생하게 되기 때문에 행정기관에서는 수시로 단속을 하고 있으며, 고발 조치될 경우 형사처벌을 받게 됩니다. 하지만 영세한 위반자가 대부분이어서 실제 법원에서는 약식으로 벌금형이 부과되는 것이 대부분이라 근절되지 않고 있습니다.

## 22) 푸드트럭

요즘 서울 시내에 푸드트럭이 많아졌다. 제법 목이 좋은 곳에서도 보이는데 잠실운동장, 건국대, 예술의전당, 한강 등지에서 합법적으로 운영되고 있다. 또한 지방의 어떤 대학에서는 올해 신입생 오리엔테이션 기간에 학생들의 편의 제공을 위해 교내에서 푸드트럭을 운영하기도 했다. 최근에는 서울 강남대로변 불법노점상도 푸드트럭으로 대체된다고 하니 푸드트럭이 때를 만난 것 같다.

'푸드트럭'은 개조를 통해 음식점이나 제과점 영업을 하는 작은 트럭을 말하는데, 세계적으로는 이미 관광지마다 '로드푸드(길거리식품)' 형태로 인기를 끌고 있다.

'길거리식품'은 노상이나 기타 공공장소에서 만들어져 판매되는 식품이나 음료로서 즉석에서 섭취되거나 더 이상의 가공처리 없이 일정 시간 후에 섭취되는 것을 말한다. 우리나라에서는 떡볶이, 김밥, 토스트, 튀김, 어묵, 핫도그, 붕어빵, 순대, 닭꼬치 등 전국 축제행사장의 '장터식품'도 포함된다.

푸드트럭은 소자본으로 정부와 지자체의 많은 지원이 있어 시작이 쉽긴 하지만 경쟁이 치열해 성공하기가 만만치 않다.

2014년 9월부터 규제개혁의 일환으로 푸드트럭이 합법화돼 1천여 대의 푸드트럭이 영업을 시작했지만 그 뒤로 지금까지 운영을 계속하고 있는 것은 312대로 10대 가운데 3대에 불과하다고 한다.

서울시 허가 1호 푸드트럭도 올해 2월 매물로 나왔다. 한정된 장소에서 불법적인 포장마차와 번듯한 건물의 음식점들을 상대로 장사를 한다는 게 결코 쉬운 일이 아니라는 생각이 든다.

우리나라에서는 정식 허가를 받은 고정식 길거리식품 외 대부분의 이동식 가판은 원래 불법이다. 「식품위생법」의 '세척 및 하수시설 등 식품판매 기준'을 지키지 않고, 음용수와 폐기물처리 신고 규정에도 위배되며, 공공장소 불법 상업 활동이라 「도로교통법」 위반에다 「오물청소법」에도 저촉된다. 게다가 세금도 납부하지 않아 「부가가치세법」 등 관련 법을 위반하고 있는 실정이다.

현실은 이들이 대부분 불법이긴 하지만 서민생계 보호 차원에서 용인해 주고 있는 실정이라 관광상품화 되기 위해서는 외관과 위생 문제

를 반드시 해결해야 한다. 그 해결사로 글로벌 트렌드에 발맞춘 푸드트
럭을 도입한 정부의 판단과 노력은 박수받을 만하다.

그러나 세계적 로드푸드 대부분은 단순 가온식품(핫도그), 냉장 캔음
료, 스낵 등 간편식만을 허용하고 있다. 특히 일본에서는 생선회나 익히
지 않은 생식품 판매를 엄격히 금하고 있어 우리 푸드트럭도 제한된 음
식만을 판매토록 해 위생상 문제가 없도록 해야 한다.

## 재미있는 식품 사건 사고

박근혜정부 시절 규제 개혁의 대표적인 사례로 추진된 것이 바로 '푸드트럭'이
었습니다. 미국 뉴욕 등 대도시에서 푸드트럭을 경험한 소비자들의 욕구를 충
족시키고자 국내에 적극적인 도입을 추진했지만, 「식품위생법」에 일반음식점
내지 휴게음식점 영업신고를 통해 시설기준을 갖추고 영업을 하는 기존 식품접
객영업자의 반발로 인해 기존 영업자들의 업무에 방해가 되지 않는 지역에서만
푸드트럭의 영업이 가능하도록 정하면서 논란이 되었습니다.

푸드트럭의 법률적 정식 명칭으로는 '음식판매자동차를 사용하는 휴게음식점
영업 또는 제과점 영업'으로 「자동차관리법」에 따라 적법하게 개조된 차량을 이
용하고 '액화석유가스 사용시설완성검사증명서' 등 까다로운 설비기준을 완비
해야만 영업이 가능함에도 불구하고 영업지역의 제한으로 점차 자리를 잃어가
고 있습니다.

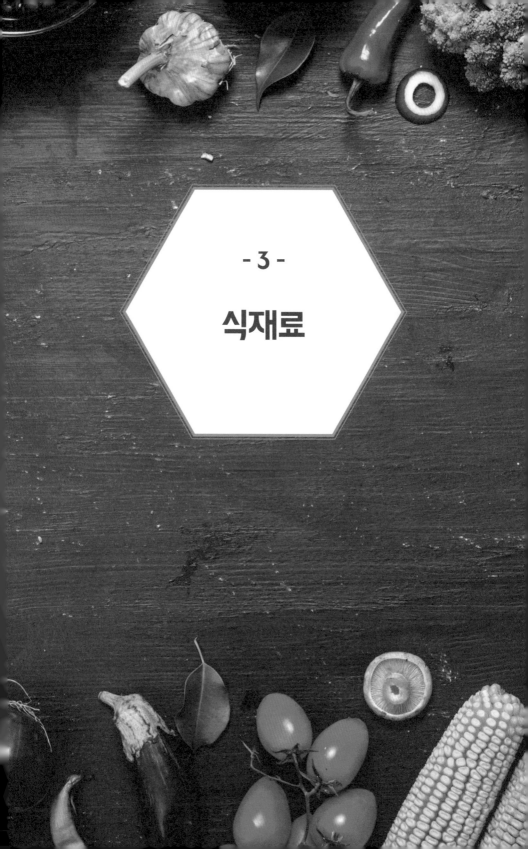

- 3 -

식재료

# 1) 설탕

온 세상이 '당(糖)과의 전쟁' 중이다. 최근 영국을 비롯한 많은 나라가 어린이 비만을 줄이기 위해 설탕 함유 청량음료에 '설탕세(sugar tax)'를 부과하기로 했다고 한다. 세금이 부과되면 음료회사는 설탕량을 줄이거나 제품 가격을 올릴 수밖에 없어 소비자들의 설탕 섭취량이 줄어들 것이란 계산이다. 게다가 일부 언론 매체에서는 '내 몸을 죽이는 살인자, 설탕'이란 문구까지 등장했고, '백종원 주부'가 설탕을 종이컵째로, 그것도 몇 컵씩 과감하게 투하하며 요리하는 걸 걱정하는 목소리도 크다.

당(糖)은 에너지의 원천이라 격렬한 운동 시 필요하다. 단백질 형성도 돕는다. 쓰고 남은 당은 간에 글리코겐으로 저장돼 있다가 한동안 당분을 섭취하지 않아도 당을 혈관에 계속 공급한다. 게다가 설탕은 예로부터 귀중한 '약(藥)'이었다.

설탕(sugar)은 희고 고운 눈과 같은 당이라는 뜻의 '설당(雪糖)'에서 유래됐고, 사탕수수나 사탕무에서 얻은 원당을 정제해 만든 천연감미료로 자당(sucrose)을 주성분으로 한다. 과자, 빵 등 가공식품 제조에 필수라 16세기부터 세계 각국은 설탕을 확보하기 위해 필사적으로 노력해 왔다.

역사적으로 인류에 단맛을 제공한 것은 꿀이었다. 인도에서는 오래 전부터 설탕을 이용했고 알렉산더대왕에 의해 세상에 알려지기 시작했다. 당(sugar)은 사탕수수와 사탕무에서 얻어지는 설탕을 지칭하는데, 포도당(glucose)과 과당(fructose)의 중합체다. 설탕은 가공방법에 따라 당밀을 함유하는 '함밀당'과 원심분리로 당밀을 분리시킨 '분밀당'이 있는데, 대부분 정제된 백색 분밀당이 사용된다. 흑설탕은 사탕수수 즙액을 걸러 그대로 농축해 굳힌 설탕을 말한다.

문명이 발달할수록, 국민소득이 증가할수록, 설탕 소비량이 많아진다고 한다. 설탕의 최대 생산국은 브라질이고, 최대 소비국은 미국이다. 인구 1인당 최대 설탕 소비국가는 싱가포르인데, 개인당 연간 약 75kg의 설탕을 먹는다고 한다. 다음이 이스라엘로 59.2kg, 쿠바와 브라질이 각각 60.4kg, 58kg을 먹는다고 한다. 미국은 30.3kg, 세계 평균은 22.1kg이며, 우리나라는 23.7kg으로 세계 평균 수준이다.

설탕을 처음 제조한 나라는 인도지만 사탕수수가 처음 재배된 곳은 기원전 8000년 태평양 남서부의 뉴기니섬이었다. 이후 기원전 6000년에 인도네시아, 필리핀, 인도 등 열대 남아시아와 동남아시아로 전해졌다고 한다.

초기 사람들은 사탕수수를 씹어서 단맛을 즐기고 당을 빨아먹었는데, 서기 350년경 인도 굽타왕조 때 사탕수수액으로부터 설탕 결정법을 알아냈다고 한다. 당나라를 통해 삼국시대에 이르러 설탕이 우리나라로 들어왔는데, 당시에는 주로 약으로 쓰였거나 왕이 하사하는 귀한 음식이었다. 이후 1920년 평양에 처음으로 설탕공장이 세워지면서부터 대중화됐다.

설탕 소비가 급격하게 늘어날 수 있었던 것은 대량생산으로 인한 가격 경쟁력과 차, 커피 등 다양한 기호품의 소비 증가가 원인이었다. 영국에서는 차(tea)가 맥주를 대신했고 프랑스에서는 커피가 와인을 대신했을 정도였다. 그 덕에 설탕을 넣은 차는 더 이상 부자들의 사치품이 아니라 서민들이 마른 빵과 곁들여 먹는 식량이자 열량원이 된 것이다.

18세기 이전까지 유럽의 의술에서 약방의 감초처럼 빠지지 않던 것이 바로 이 설탕이었다. 당시 기침과 열, 감기에는 설탕물을 마시게 했고, 위장병과 설사 치료, 심지어는 흑사병에도 설탕을 처방했다. 그 밖에도 기력을 잃은 노인에게 계피를 넣은 설탕이나 장미향수를 탄 설탕시럽을 추천했고, 정력 강화를 위해 설탕을 먹었다고 한다. 또한 술 마신 후 숙취 해소를 위해서도 설탕물을 마셨다.

체내에 당이 모자라면 현기증이 생기고, 이유 없이 짜증을 내고, 심장박동이 증가하고, 집중력이 떨어지고, 온순한 사람이 난폭해지기도 한다고 한다. 또한 설탕은 건망증 예방 및 기억력 유지에 도움이 된다고 한다. 기억력이 감퇴하는 이유 중 하나가 뇌에 필요한 포도당(glucose)이 줄었기 때문이다. 포도당이 뇌 속에서 순환하면서 기억력을 감퇴시키는 역할을 하는 물질을 차단해주기 때문에 설탕을 섭취했을 때 기억력이 좋아진다고 한다.

그러나 최근 설탕이 천덕꾸러기 신세가 돼 비만, 당뇨, 충치, 과잉행동 등을 유발하는 만병의 원흉으로 꼽히고 있다. 과학기술의 발전으로 모래보다 값이 싸고 흔하게 되면서 비롯된 현상이다. 특히 소비자들은 '당' 중에서도 '설탕'에 특히 인색하다. 그러나 단순 당에 속하는 꿀과 과일, 다당류를 주성분으로 하는 쌀밥, 고구마, 감자 등에 대해서는 관대하기만 하다.

안타깝게도 과일 외에는 아무것도 넣지 않은 '프리미엄 착즙주스'에도 탄산음료에 버금가는 양의 당류가 함유돼 있다. 게다가 소비자들은 '100% 과일주스'에 함유된 당은 가공식품의 당과는 다른 '착한 당'이라고 생각한다. 사실 당이 건강에 미치는 영향은 '천연당 vs 인공당' 문제와 무관하다. 칼로리가 없는 착한 당은 그 어디에도 없다. 당은 당일 뿐이다. 게다가 단당(포도당, 과당), 이당(설탕), 올리고당, 탄수화물 등 먹는 당의 종류를 달리한다고 해서 당이 주는 위험을 피해갈 수는 없다.

세계 각국의 '설탕세(sugar tax) 부과'는 분명 좋은 취지이고 명분도 있다. 그러나 영양소에 의한 건강 피해는 개인이 식습관으로 조절하는 것이지 공급억제정책으로 해결할 수 있는 일이 아니다. 누가 설탕을 강제로 먹이는 것도 아니고 제품에 설탕 함량이 표시된 상태에서 소비자가 자발적으로 선택해 구매하고 있기 때문이다.

이미 허용한 식품에 대해 불평등한 세금 부과나 특정 유통채널에서의 판매금지, 법에 '위해가능 영양성분'으로 명시하는 것은 음식에 대한 괜한 걱정인 '푸드패디즘'을 유발할 뿐 인류 질병 예방의 궁극적 해결책은 아니다.

'설탕의 과도한 사용'과 '당분의 과잉 섭취'로 인한 건강 문제에 주의를 기울여야 하는 것은 사실이다. 그러나 "설탕은 과다하게 섭취하지 않는다면 꼭 해로운 것만은 아니라는 것"이 중론이다. 잘못된 논리와 규제로 설탕을 나쁜 독(毒)으로 치부하고 비판만 하는 것은 무의미한 논쟁일 뿐이라 생각한다.

## 재미있는 식품 사건 사고

'완전무첨가', '無' 표시된 식품을 구매하는 소비자들은 제품 표시 면에서 설탕 등 당류를 포함한 각종 첨가물과 식품원재료에 대한 무표시 제품을 많이 접하게 됩니다. 이때 영업자가 '무'표시를 잘못하면 형사처벌과 행정처분을 동시에 받을 수도 있습니다. 예를 들어 오렌지주스 100%가 아니라 당류를 첨가했음에도 불구하고, '무가당'이나 '오렌지100%'라는 표현을 사용하면서 소비자를 속인 영업자는 5년 이하의 징역 또는 5천만 원 이하의 벌금형에 처해질 수 있습니다. 실제 관련 사건에서는 반대로 오렌지 이외에 아무 것도 넣지 않아 '완전무첨가 100%'와 '첨가물 無'라고 표시했다가 A시로부터 소비자를 오인하게 한다는 이유로 영업정지 15일의 행정처분을 받은 영업자가 재판을 통해서 사실과 동일한 표현을 사용했으므로 정당하므로 A시의 행정처분을 취소하라는 판결을 받은 사례도 있습니다. 결국 영업자는 정직하게 제품 표시를 하고, 소비자는 꼼꼼히 따지는 습관을 키워야 할 것입니다.

## 2) 소금

　소금은 예로부터 육류와 채소 등 음식의 부패와 변질을 방지하고 인간의 건강과 활력을 유지하는 생명의 상징이었다. 지구 생성 당시 지표의 바위에서 뿜어져 나오던 수증기와 염화수소가 바위 속 산화나트륨과 충돌하여 그 중 일부가 염화나트륨이 되어 증발했다고 한다. 차츰 지구가 식으면서 수증기가 비가 되어 내릴 때 소금이 함께 녹아 땅에 쌓이며 바다가 생성된 것으로 알려져 있다.

　혈액의 0.85%를 차지하는 소금은 인간을 포함한 모든 생명에게 필수다. 소금의 40%를 차지하는 나트륨(Na)은 짠맛을 내는 조미료이기도 하지만 생명 유지의 수호신이며, 미생물의 생육을 억제하는 보존제 역할도 한다.

소금은 짠 맛이 나는 백색의 결정체로 대표적인 조미료다. 물론 주성분은 '염화나트륨(NaCl)'이다. 천연으로는 바닷물에 약 2.8% 함유되어 있으며, 암염으로도 만들어진다. 인체의 혈액이나 세포 안에 약 0.71% 들어 있다. 법적인 식염의 정의는 "해수나 암염 등으로부터 얻은 염화나트륨이 주성분인 결정체를 재처리하거나 가공한 것 또는 해수를 결정화하거나 정제·결정화한 것"을 말하며 천일염, 재제소금, 태움·용융소금, 정제소금, 가공소금이 있다.

'천일염'은 염전에서 해수를 자연 증발시켜 얻기 때문에 미네랄이 풍부하다. 그 동안 안전성 문제가 해결되지 않아 45년간 광물로 분류되었다가 2008년 3월부터 식품으로 허용되었다. '재제소금'은 원료 소금(100%)을 용해, 탈수, 건조 등의 과정을 거쳐 다시 재결정화시켜 제조한 소금인데, 흔히 꽃소금으로 불리며, 불순물이 적다. '태움·용융소금'은 원료 소금을 태움·용융 등의 방법으로 그 원형을 변형한 소금을 말하는데, 죽염이 가장 잘 알려져 있다.

'정제소금'은 바닷물을 두 번 정제하여 탁질과 부유물을 완전 제거한 후 이온교환막을 통해 중금속과 각종 불순물을 걸러낸 농축함수를 증발관에 끓임으로서 생물학적 위해를 제거한 소금을 말하는데, 불순물이 거의 없어 안전성 측면에서 가장 우수한 소금이며, 염화나트륨 농도가 가장 높다. '가공소금'은 재제소금, 정제소금, 태움·용융소금(95% 이상)에 식품 또는 식품첨가물을 가하여 가공한 소금을 말한다.

우리 고구려시대에는 소금을 해안지방에서 운반해 왔다는 기록이 있다. 고려시대에는 소금의 생산과 유통을 국가에서 관리하여 재정 수입원으로 삼았으나, 조선시대에는 소금을 생산하는 어민들에게 일정한 세금을 징수하고 자유로운 유통과 처분의 권한을 부여하는 '사염제'와 '관염제'를 병행했다. 일제강점기가 되면서 다시 완전전매제를 시행하였고, 1961년에 염전매법이 폐지된 후, 종전의 '국유염전'과 '민영업계'로 양분되었다.

인간에게 소금은 생존과 직결되기 때문에 소금을 얻기 위한 노력은 아주 오래 전부터 시작되었다. 인간은 처음에는 육지의 열매, 그리고 바다의 물고기를 먹으면서 자연스럽게 염분을 섭취하였다. 그러나 농경생활이 시작되어 식물성 식품으로 주식이 변화하면서 더 많은 소금이 필요하게 되어 별도의 생산이 필요하게 되었다. 고대에는 소금이 곧 칼이고 권력이었으며 부의 원천이었다. 고대 그리스 사람은 소금을 주고 노예를 샀으며, 어떤 나라는 소금을 얻기 위하여 딸을 판 예도 많았다고 한다.

소금은 예로부터 육류와 채소류 등 저장성이 약한 음식의 부패와 변패를 방지하고, 인간의 건강과 활력을 유지하는 힘의 상징으로 여겼다. 고대 이집트에서는 미이라를 만들 때 시체를 소금물에 담갔고, 이스라엘 사람들은 토지를 비옥하게 하기 위하여 소금을 비료로 사용하였다.

16세기 이탈리아에서는 소금을 황금보다 비싼 고급 사치품으로 여겨 귀한 손님은 음식에 소금을 듬뿍 넣어 감사의 마음으로 표현했다고 한다. 우크라이나에서는 먼 곳에서 손님이 오면 환영의 뜻으로 쟁반에 보리이삭과 소금을 담아 대접했다고 한다.

어쩌면 배추보다도 귀했을 수도 있는데, 김치 담글 때 조상들이 이렇게 많은 소금을 넣은 것을 보면 다 이유가 있을 것이라 생각된다. 김치는 소금함량이 높아야만 저장기간 동안 배추가 물러지거나 변패, 부패되지 않는다. 가을에 배추가 많이 생산될 때 소금으로 간을 해 발효시켜 김치를 만든 것은 겨우내 먹기 위해 장기 보존할 목적이었을 것이다. 소금의 함량을 높여 부패균과 식중독균을 저해하고, 고염에 저항성이 강한 유산균만 자라는 환경을 조성해 김치를 만들었다.

소금시장은 세계적으로 3억 톤이 넘으며, 미국이 최대 생산국이고 중국이 최대 소비국이다. 이 중 식용은 약 20% 정도에 불과하다. 현재 시판되는 정제염의 경우 1kg에 소비자 가격으로 천 원 정도라 귀중한 소금을 1kg에 음료수 한 캔 값도 안 되는 싼 값으로 구할 수 있게 해 준 소금산업계에 감사해야 한다.

그러나 최근 전 세계적으로 소금의 위험성이 재조명되면서 인류의 소금 과잉 섭취가 문제시되고 있다. 특히 우리나라는 환경과 식생활 특성상 장류, 젓갈, 김치 등 소금에 절인 고염식품의 섭취 비중이 높은 편이다. 우리나라 나트륨 섭취의 80%가 찌개, 반찬 등 부식에서 기인한다. 전통적인 식습관이 그 원인이라 볼 수 있다. 또한 맞벌이 가정, 외식산업의 성장으로 인스턴트 가공식품의 의존도가 높아져 나트륨 과잉에 의한 고혈압, 더 나아가 뇌혈관질환이 급증하는 추세라고 한다.

이에 지구 전체가 '소금(나트륨)과의 전쟁'을 벌이고 있다. 특히 우리나라는 정부 주도로 강력한 나트륨 저감화 정책을 펼치고 있다. 세계보건기구(WHO)는 성인의 '일일 소금 권장섭취량'을 5g으로 제시하고 있다. 나트륨으로 환산하면 2g에 해당되는 양이다. 미국과 캐나다는 조금 높은 2.3g을 권장하고 있다.

현재 우리 국민의 하루 평균 나트륨 섭취량은 3.89g, 소금으로는 9.72g으로 권장치의 2배가량에 이른다. 소금은 과량 섭취 시 고혈압 등 인체에 해를 주고, 부족하면 체내 대사에 문제를 일으키는 '불가근(不可近) 불가원(不可遠)'의 물질이라 다루기가 어렵다.

캐나다 의사인 앤드루 멘트 교수는 "나트륨을 너무 적게 섭취해도 과잉 섭취 못지않게 심근경색, 뇌졸중 등 심혈관질환과 사망 위험이 높아질 수 있다"는 연구 결과를 발표했다. 그의 연구 결과에 따르면 나트륨 과량 섭취 시 고혈압 환자는 심혈관질환 위험이 높아지지만, 혈압이 정상인 사람은 높아지지 않아 정상인은 소금을 많이 먹어도 크게 걱정할 필요가 없다는 것이다.

그래서 멘트 교수는 "나트륨 저감화는 건강한 사람이 아닌 고혈압이면서 나트륨 섭취량이 많은 사람을 타깃으로 삼아야 한다"고 주장했다.

물론 지금은 소금 과잉의 시대라 나트륨 섭취를 줄여야 한다는 생각에는 공감한다. 그러나 방법이 문제다. 인류의 목표는 '나트륨 섭취량'을 줄이자는 것이지 '식품 중 나트륨 함량'을 줄이자는 것은 아니다. 지나치게 소금을 죄악시해 반드시 써야만 품질과 안전성이 유지되는 식품들까지 인위적인 저감화를 추진한다면 반드시 대가를 치를 것이다. 최근 자주 발생하는 저염 급식김치의 대규모 식중독 사태도 나트륨 저감화의 부작용이고 재앙이라 볼 수 있다.

모든 식품이 그러하듯 "약(藥)과 독(毒)은 양으로 결정된다" 많이 먹으면 모든 음식이 독(毒)이 될 수 있다. 나트륨 섭취량을 줄이려면 소금이 들어간 맛있는 음식을 적게 먹는 게 효과적이지, 음식의 소금 함량을 줄여 맛없게 많이 먹는 것이 능사는 아닐 것이다.

　궁극적으로 나트륨 줄이기에 성공하려면 소비자의 마인드와 식습관이 가장 중요하다. 강제적인 정부 주도의 규제는 단기적 임시처방이고 계몽과 캠페인 등에 따라 소비자가 자발적으로 '함량 표시'를 보고 구매할 수 있어야 한다.

## 재미있는 식품 사건 사고

김장을 담글 때 주로 사용되는 것이 천일염인데, 일반적으로 5kg 혹은 10kg 단위로 포장돼 판매됩니다. 「식품위생법」에서는 원래 제품을 일정 단위로 나누어 재포장하여 판매하는 것을 소분업이라고 정의하면서 신고 의무를 두고 있습니다. 그런데 한 영업자가 30kg짜리 천일염을 구매해서 10kg 단위로 나누어 재포장해서 판매하는 것을 보고 수사기관에서 소분업 신고를 안 했다는 이유로 기소한 사건이 있었습니다.

그러나 법원에서는 소금은 당시 「염관리법」이나 「소금산업진흥법」에 따라 제조업 허가대상에 해당되므로 「식품위생법」에 따라 소분업 신고대상이 아니라고 판단해서 무죄를 받은 사건이 있었습니다. 이 밖에도 소금의 종류 중에서 죽염에 대한 치약 회사들의 상표권 분쟁 사건이 간혹 발생하고 있는데, 법원에서는 죽염도 결국 염화나트륨, 즉 소금과 동일하게 봐야한다는 일관된 판단을 하고 있습니다.

# 3) 식용유

지난 3월 한 방송사에서 '대왕카스테라 그 촉촉함의 비밀'을 방영했다. 대왕카스테라를 만들 때 '버터' 대신 과량의 '식용유'를 사용하고 특히 일반 제품 대비 5~8배의 지방이 검출된다고 지적해 논란이 있었다. 이로 인해 현재 많은 매장이 90% 이상의 매출 감소를 이겨내지 못해 폐업이 속출하고 있는 상황이다. 그러나 사실 버터도 돼지비계나 쇼트닝처럼 콜레스테롤이 많은 동물성 포화지방이라 리놀렌산 등 불포화지방이 70% 이상인 식용유보다 좋다고 할 것도 아니다.

논란이 된 식용유는 상온에서 완전히 액상이 되는 기름을 말한다. 유전자 등 단백질이 없는 순수한 형태의 지방이라 'GMO표시'에서도 예외가 인정된다. 일반적으로 콩기름, 옥수수기름, 카놀라유, 포도씨유, 땅콩기름, 동백유 등을 식용유라고 하며 참기름, 들기름도 포함된다. 최근에는 셰프들이 프리미엄 식용유인 올리브유를 많이 사용하고 있으며 이는 발화점이 200도로 다른 기름보다 낮아 튀김, 볶음요리보다는 샐러드의 드레싱이나 가볍게 튀기는 파스타 등에 주로 사용된다.

우리 국민은 하루에 필요 열량의 20%가량인 46.1g의 지방을 먹는다고 한다. 식품의약품안전처에서 제시하는 하루 섭취권장량인 50g, 세계보건기구(WHO)의 권고치인 60g에 비해서는 양호한 수준이다. 그러나 최근 우리나라 국민의 지방 섭취량이 빠르게 증가하고 있고 어린이와 청소년의 지방 섭취량이 위험 수준에 도달해 주의를 기울여야 한다. 특히 포화지방은 적게 먹을수록 좋은데, WHO와 식약처는 각각 매일 20g, 15g 이하로 먹기를 권장하고 있다.

지방을 과다 섭취하면 혈중 지방농도가 상승하고 이로 인해 동맥의 벽에 지방 찌꺼기가 쌓여 동맥이 점점 좁아진다. 심장, 뇌 등으로 가는 혈관 내벽에 콜레스테롤이 과다 축적된 상태를 동맥경화라 하는데, 협심증, 심근경색, 뇌졸중 등의 주원인이 된다.

지방 섭취가 우려되는 또 다른 이유는 칼로리가 높기 때문에 비만을 일으킨다는 것이다. 게다가 밀가루나 감자처럼 탄수화물이 많이 든 식품을 120도 이상 고온의 식용유에 튀겨 먹으면 아크릴아마이드가 생겨 암 위험이 커진다. 식용유를 오래 튀기거나 사용하면 불쾌한 냄새가 나고, 맛, 색, 점성, 산가 등의 변화로 품질이 낮아지는 '산패 현상'이 발생해 버려야 한다.

식용유를 가정에서 올바르게 보관하는 방법은 산소와의 접촉을 가능한 한 피하도록 밀봉해야 하고, 햇빛과의 접촉 또한 막아야 한다. 온도에 민감해 뜨겁거나 더운 곳보다는 서늘한 곳에 보관하며, 오래된 기름은 사용하지 않는 것이 좋다. 사용 시 주의사항으로 길게 가열하거나 장기간 사용하지 말아야 하며, 반드시 환기하면서 조리해야 한다. 식품을 기름에 튀길 때 발생하는 유증기는 발암성이 있어 폐암의 원인이 되며, 미세먼지 또한 다량 발생하기 때문이다.

지방은 인간의 생명 유지에 없어서는 안 될 필수영양소다. 에너지를 제공하며, 지용성 비타민의 체내흡수와 이용을 돕는다. 그러나 많이 먹어 좋은 음식은 세상 어디에도 없다. 오죽했으면 일본의 뇌과학 전문의인 야마시마 데쓰모리가 『식용유가 뇌를 죽인다』라는 책을 썼겠는가? 식용유는 양날의 칼처럼 일장일단이 있다. 식용유의 사용을 무서워할 필요는 전혀 없으나 '과유불급(過猶不及)', 꼭 필요한 만큼만 사용하고 먹는 게 좋다.

## 재미있는 식품 사건 사고

우리가 먹고 있는 식용유는 거의 투명한 것이 대부분인데, 이는 원래부터 그랬던 것이 아니라 식용유지 원유를 탈색, 탈검, 탈취, 탈산 공정을 거치면서 유기물 등이 제거되었기 때문입니다. 「식품위생법」에서는 위의 네 가지 공정을 반드시 거쳐야 한다고 규정하고 있는데, 만일 한 영업자가 탈색 공정을 거쳤지만 완전히 투명하지 않은 상태의 식용유를 제조해서 판매했다면 법 위반으로 볼 수 있을까요?

대구지방법원에 기소된 사건에서 법원은 현행「식품위생법」에는 네 가지 공정을 거쳐야 한다고 명시되어 있을 뿐 그 정도에 대해서는 규정이 없으므로 단순히 최종제품이 투명하지 않다는 이유로 법 위반이라고 볼 수 없다고 판단했습니다. 결국 투명도는 품질이나 소비자 기호의 문제며, 안전성과 무관하기 때문에 관련 법령에서도 정도를 규정하지 않은 것으로 생각됩니다.

# 4) 트랜스지방(부분경화유)

2015년 6월 16일 미 식약청(FDA)은 트랜스지방의 주된 공급원인 '부분경화유(PHO, partially hydrogenated oils)'를 '일반적으로 안전하다고 인정되는(GRAS)' 식품첨가물 목록에서 제외했다. 게다가 3년간의 유예기간을 두고 사용 금지명령을 내려 2018년 6월부터는 부분경화유(PHO)를 첨가해 만든 식품을 팔면 처벌받는다.

미 FDA는 이번 조치로 미국 내 심장마비 발생을 연간 2만 건 줄여 약 7,000명의 목숨을 구할 것으로 추정했으며, 소요비용 60억 달러(약 6조

7,000억 원)에 향후 20년간 약 1,400억 달러(156조 5,000억 원)의 편익을 얻을 것으로 추정했다.

그러나 국내 언론 중 상당수가 미 FDA가 "부분경화유(PHO)를 퇴출했다"라는 보도 대신에 "트랜스지방을 퇴출했다"고 잘못 발표하는 바람에 소비자들이 혼란스러워하고 있다. 트랜스지방산과 글리세롤이 결합한 형태인 트랜스지방(trans fat)은 식품첨가물이 아니다. 부분경화유(PHO)가 정확한 용어다.

트랜스지방은 천연적으로도 존재해 식품으로부터의 완전 퇴출이 불가능하다. 우유에는 2~5%, 모유의 지방성분에도 1~7%의 트랜스지방이 섞여 있다. 우리나라의 경우 식품 30g당 0.2g 이하 함유된 경우, '트랜스지방 제로(0)'로 표시할 수 있다. 미국 FDA도 트랜스지방 함량이 100g당 0.5g 미만인 경우, 함량을 제로(0)로 표시할 수 있도록 허용하고 있다. 이런 미량의 트랜스지방은 제거하기도 어렵고 크게 해가 되지 않기 때문에 굳이 제거할 필요가 없다.

지방(fat)은 요즘 온갖 성인병의 주범으로 몰리면서 천덕꾸러기 신세가 되고 있다. 그러나 사실 지방은 인간의 생명에 없어서는 안 될 필수적인 물질로 g당 9kcal의 에너지(열량)를 제공하며, 지용성 비타민(A, D, E, K)의 체내 흡수와 이용을 돕는다. 유지(油脂, lipid)는 지방(fat)과 기름(oil)으로 나뉘는데, 모든 지방이 혈관 건강에 해로운 것은 아니다. 유해성은 주로 식물성 및 오메가-3 등 생선지방인 불포화지방에 비해 주로 동물성 지방인 포화지방과 트랜스지방이 높다고 볼 수 있다.

액체상태의 불포화지방은 산소를 만나면 산패되기 때문에, 이를 방지하고 보존성 향상을 목적으로 불포화지방을 고체 상태로 가공하게 되었다. 이러한 경화(고체화)과정에서 수소를 첨가했을 때 분자구조의 형태에 따라 트랜스지방이 생성되는 것이다.

'트랜스지방산(trans fatty acid)'은 불포화 지방산의 일종으로 포화지방산과 유사한 성질을 보이는데, 상온에서 액체인 식물성기름(불포화지방)을 고체지방(경화유)으로 바꾸는 수소 첨가과정에서 주로 생성된다. 마가린과 쇼트닝이 대표적인 트랜스지방 함유 식품인데, 2004-2005년 식약처 조사 트랜스지방 함유 고순위 가공식품을 살펴보면 스낵, 비스킷, 페스트리, 케이크, 초콜릿, 전자레인지용 팝콘, 피자 등이 해당된다. 그러나 일반적으로 트랜스지방 함유량이 높을 것으로 여기는 햄버거와 감자튀김은 실제 트랜스지방을 거의 함유하지 않아 '제로(0)'로 표시되고 있다.

트랜스지방을 만드는 부분경화유(PHO)가 식품가공에 쓰이기 시작한 것은 백년이 넘었다. 독일 화학자 빌헬름 노르만이 실험실에서 액체 천연지방(기름)에 수소를 첨가해 버터와 같은 고체형태의 트랜스지방을 처음 발견했다. 당시 트랜스지방은 무엇보다도 값이 싸고, 기름의 산패를 방지해 보존기간을 연장했고, 고소한 맛과 특유한 향을 내 획기적인 발명으로 여겨졌다.

이후 1909년 '프록터 앤 갬블(P&G)사'가 노르만 박사로부터 트랜스지방 제조특허를 구매해 1911년 최초의 쇼트닝, 트랜스지방 제품인 '크리스코(Crisco)'를 시판했다. 당시 쇼트닝은 하늘이 내린 맛으로 불릴 정도로 그 인기가 대단했었다고 한다. 특히, 2차 세계대전이 트랜스지방의 위상을 한 단계 끌어올렸는데, 전쟁 통에 천연지방을 구하기 힘들어 인공지방인 트랜스지방이 매우 귀하게 쓰였다고 한다.

1950년대 쿠머로우 박사는 심장질환으로 사망한 사람들의 동맥을 조사하다가 많은 양의 트랜스지방이 포함돼 있다는 사실을 발견했고, 이후 동물실험을 통해 동맥경화 등 트랜스지방의 폐해를 직접 확인해 냈다. 이때부터 쿠머로우는 행동하는 학자로 변신해 트랜스지방 추방 운동에 앞장서게 됐다. 그는 평소 지방을 빼지 않은 일반우유를 마셨고 계란도 잘 먹었으나, 튀김음식과 마가린은 피했다고 한다.

　1970년대부터 학계는 포화지방과 콜레스테롤을 부정적이고 위험한 것으로 평가했으나, 상대적으로 트랜스지방은 안전하다고 평가했다. 그러나 1990년대 접어들면서 트랜스지방은 식품가공에는 도움이 되나 사람의 건강에는 해가 된다는 분석이 잇따르게 됐다.

　21세기가 되자 트랜스지방의 유해성 연구가 폭발적으로 늘어났다. 동맥경화, 심장질환, 당뇨 등 성인병 유발은 물론 기억력, 성기능까지 감퇴시킨다는 보고가 연이어 나오게 되었다. 2006년에는 미 FDA가 가공식품 표시(Label)에 트랜스지방 함유량 표기를 의무화했고, 뉴욕시는 모든 레스토랑에 트랜스지방 사용을 금지시켰다.

　쿠머로우 박사는 2009년 미 FDA에 트랜스지방 사용금지를 요구하는 시민청원을 냈고, 2013년에는 미 FDA와 보건부를 상대로 소송을 제기했다. 2015년 6월 16일, 마침내 트랜스지방으로 대표되는 부분경화유(PHO)는 'GRAS(Generally Recognized as Safe)' 목록에서 제외되며, 가공식품으로부터 퇴출명령을 받게 됐다. 2015년에 101세가 되는 쿠머로우박사와 미국심장협회(AHA)가 트랜스지방의 유해성을 입증한 셈이다.

　트랜스지방은 불포화지방의 일종이지만 포화지방처럼 혈관 질환의 주범으로 지목받고 있는데, 혈중 저밀도세포단백질(low density lipoprotein, LDL) 콜레스테롤을 증가시켜 심장병, 동맥경화, 당뇨병 및 비만을 유발해 위험의 대명사로 자리매김했다.

영국의 의학지인 Lancet은 트랜스지방이 뇌세포 교란, 필수지방산의 활동을 저해하며, 트랜스지방의 섭취가 2% 상승하면 심장병 발생 위험이 25%, 당뇨병 발생 위험이 40% 상승한다고 보고했다. 또한 트랜스지방 대신 불포화지방을 섭취하면 미국에서 연간 3~10만 명의 심장병 사망을 예방할 수 있다는 미국 하버드대의 보고도 있다.

12만 명의 간호사를 대상으로 한 14년간의 추적연구에서는 2%의 열량을 트랜스지방으로 섭취할 때 관상동맥질환 위험도가 2배로 증가했다고 한다. 또한 트랜스지방 사용이 전면 금지된 보스턴의 경우, 심장질환 발생률이 크게 줄었다는 분석도 있으며, 트랜스지방을 많이 섭취하면 기억력이 떨어질 수 있다는 미국 캘리포니아대학의 연구결과도 있다.

미국 FDA의 이번 결정은 전 세계 식품업계에 큰 파장을 불러왔다. 수 년 전부터 그 사용이 줄어들긴 했지만, 미국의 가공식품 제조업체들은 3년 후 부분경화유 사용을 중단하거나, 자사의 부분경화유가 안전하다는 사실을 입증해 FDA의 예외 승인을 받아야만 사용할 수 있다.

앞으로 미국 식품업계는 부분경화유(PHO) 대체물질이나 새로운 제조공법 개발에 많은 비용을 투입해야 한다. 기존에 사용되고 있는 팜 오일, 콩기름 등은 가격도 비싸지만 '입에 달라붙는 고소한 트랜스지방의 맛'을 따라갈 수가 없기 때문에 결국 이번 조치 이후 소비자는 맛없는 가공식품을 외면할지도 모를 일이다.

일본 식품제조업계와 외식업계도 트랜스지방 퇴출에 앞장섰다. 일본 KFC는 2006년부터 치킨을 튀길 때 쓰는 기름의 트랜스지방 함량을 최근 10년간 1/16 수준으로 감소시켰다고 한다.

우리나라 정부와 식품산업계는 이미 10년 전부터 트랜스지방 저감화를 위해 노력해 와 지금 우리나라는 전 세계적으로 트랜스지방을 가장 적게 섭취하는 나라가 됐다. 우리나라 소비자들에게 노출된 트랜스지방의 위해 가능성은 거의 없어 미국 발 부분경화유(PHO) 금지조치가 당분간 우리나라에는 큰 영향을 주지 않을 것으로 생각된다.

## 재미있는 식품 사건 사고

2003년 미국의 변호사인 스티븐 조지프가 글로벌 식품기업인 크래프트(Kraft)사를 상대로 인기 있는 과자인 '오레오'에 함유된 트랜스지방 함량을 공개하라는 소송을 제기했습니다. 당시까지만 해도 트랜스지방에 대한 위험성은 일부 알려져 있었지만 대부분의 업체가 이를 공개하거나 표시할 의무가 없었기 때문에 소비자들은 정보를 얻을 수가 없었습니다.

결국 이 소송은 미국 전역에 알려지면서 트랜스지방의 위험성을 홍보하는데 촉매제가 되었고, 결국 크래프트사에서는 트랜스지방이 함유되지 않은 오레오를 생산하기로 결정했습니다. 그리고 미국 FDA에서는 식품업체들에게 영양표시 항목에 트랜스지방 함유량을 추가하라고 지시했습니다. 소비자의 알 권리를 인정받은 대표적인 사건이라고 할 수 있습니다.

# 5) 쌀

전 세계 70억 인구의 절반은 쌀을, 나머지 반은 밀을 주식으로 한다. 과거 각자가 살던 나라의 토양과 기후에 적합한 곡물을 재배해 먹었던 것이 주식이 된 것이다. 생존을 위한 어쩔 수 없는 탄수화물 공급원이었지 영양소가 풍부하고 몸에 좋은 생리활성물질이 많아 선택한 곡물이 아니었다.

아주 오래전부터 세계 각지에 '식량벨트'가 존재했었다. 각자가 살던 지역에서 기후와 토양에 가장 맞는 곡식을 재배할 수밖에 없었기 때문이다. 그러나 지금은 식량생산에는 국경이 있지만 식탁에는 국경이 없다. 자본만 있으면 쌀, 밀 등 탄수화물과 고기를 얼마든 구매할 수 있다. 이런 연유로 현재의 인류는 '주식(主食)'의 개념이 많이 희석된 상태다.

쌀(米)은 우리나라에서만큼은 영양, 맛, 건강기여도 등 모든 면에서 가장 완벽한 탄수화물원이라 여겨지고 있다. 그러나 밀을 주식으로 하는 나라 사람들은 반대로 쌀을 비하하고 흠집 내는 데 혈안이 돼 있다. 미국 남부산 쌀에서 발암물질인 중금속 무기비소가 최대 $8.7\mu g$(1회 섭취기준) 검출됐다는 보도가 있었다. 게다가 미국의 컨슈머리포트는 쌀에 포함된 무기비소의 위험성을 자주 언급한다. "어린이에게는 쌀로 만든 시리얼과 파스타를 한 달에 두 번 이상 먹이지 말 것과 공복에 쌀로 만든 시리얼을 먹이지 말라"는 제한적 섭취 권고지침을 제시하기도 한다.

또 쌀을 주식으로 삼는 나라에서는 쌀을 신봉하지만 품종 간 텃새가 있다. 중국산 등 수입식품은 나쁘고 국내산, 로컬푸드만 좋다고 캠페인을 하는 것처럼, 쌀도 길쭉한 장립종인 인디카종, 소위 안남미는 나쁜 쌀, 우리의 차지고 짧은 단립종 쌀인 자포니카종은 좋은 쌀로 여긴다. 사실 쌀을 주식으로 하는 나라의 90%는 찰기가 없어 볶음밥을 만들어 먹기에 좋고, 달라붙지 않아 손으로 먹기에도 좋은 안남미를 선호한다. 차진 쌀은 우리나라를 위시한 일본, 중국, 대만 등 동아시아에서만 인기다.

밀가루는 6·25전쟁 후 쌀과 식량이 부족할 때 우리의 목숨을 구하기 위해 수입된 제2의 식량이다. 그때는 밀가루에 익숙지 않은 국민을 설득하기 위해 밀의 영양학적 좋은 면을 부각시키며 분식을 장려했다. 그러나 최근 밀의 글루텐을 장내 염증이나 알레르기의 원인으로 지적하고, 밀가루를 비만의 주범으로 몰아붙이고 있다. 인류가 1만 년 동안 검증해 전 세계 인구의 절반이 주식으로 애용하는 밀가루에 문제가 있다면 아마도 빵을 주식으로 하는 서구 사람들은 지금 모두 정상이 아닐 것이다.

밀가루와 안남미는 유독 우리나라에서만 찬밥 신세가 돼 나쁜 음식으로 오해받고 있다. 이는 우리나라의 신토불이 사상과 전통에 대한 집착, 우리 농업보호정책 등이 원인이다. 정부와 생산자들이 나서서 다른 나라에서 온 것, 이익에 걸림돌이 되는 것은 모두 악(惡)으로 몰아붙여 누명을 씌우고 있기 때문이다.

모든 음식은 각각의 장단점이 있고, 모두 과용하면 독(毒)이 된다. 용도와 목적에 맞게 적절한 양과 방식으로 잘 사용하면 밀이고 쌀이고 모든 음식이 '좋은 음식, 착한 음식'이 될 수 있다.

### 재미있는 식품 사건 사고

2012년 미국 소비자연합이 발행하는 컨슈머리포트에 미국의 주요 쌀 생산지에서 수확한 쌀에서 다량의 비소(As)가 검출되었습니다. 이런 이유로 "어른은 일주일에 두 번 이상 먹지 말고, 5세 이하 아이들은 쌀이 들어간 이유식을 먹지 말라"고 권고하면서 쌀이 주식인 국내 소비자들이 매우 불안해한 사건이 있었습니다. 다행히 국내에서 수확된 쌀에서는 비소가 거의 검출되지 않았는데, 미국산 쌀을 수입해서 가공식품에 사용하고 있는 상황을 고려하면 비소에 대한 기준을 마련할 필요가 절실해졌고, 국제식품규격위원회(CODEX)에서도 쌀 비소 허용 기준을 마련하는 등의 움직임이 생기면서 국내에서도 이를 반영해서 비소 검출 기준을 만들었습니다. 국내산이 무조건 좋다고 할 수는 없지만 관리가 어려운 수입농산물에 대해서 정부가 발 빠르게 대처하지 않는다면 소비자들은 수입 자체에 대해서 점점 거부감을 가지게 될 것입니다.

# 6) 밀가루와 글루텐

많은 사람들은 건강에 문제가 생기면 자신의 식습관과 생활습관은 생각지 않고, 그 원인을 죄다 음식에 돌리고 화풀이한다. 수면제를 과량 복용하고 자살한 사람의 책임을 수면제에다 돌려 제약회사에 책임을 물리지는 않으면서 유독 식품에만 그렇게 화풀이한다. 패스트푸드, 밀가루, 유기농, 계란, 우유, 첨가물 등등 누가 일부러 먹인 게 아니라 자신이 선택해서 구매, 섭취한 결과인데도 말이다.

최근 건강 관련 뜨거운 화두 중 하나가 '밀가루 끊기, 글루텐 프리'가 아닌가 생각된다. 밀가루는 6.25한국전쟁 후 쌀과 식량이 부족한 시기에 우리의 목숨을 구하려 수입된 제2의 식량이다. 그때는 국민들에게 밀의 좋은 면을 부각시키며 분식을 장려했었다. 그리고 전 세계적으로 쌀을 주식으로 하는 나라보다 더 많을 정도로 밀은 역사적으로 품질과 안전성이 입증된 곡식이다.

밀가루는 쌀과 달리 쫄깃한 식감이 있는데, 그 이유는 바로 '글루텐'이라는 성분 때문이다. 글루텐(gluten)은 밀가루에 들어 있는 단백질로 '글리아딘'과 '글르테닌'이 결합해 만들어지는데, 탄성이 좋은 글루테닌과 점착성이 강한 글리아딘이 물과 섞이면 쫄깃한 식감이 탄생한다. 이처럼 밀가루 음식을 만드는데 감초와 같은 역할을 하는 글루텐이 최근 장내 염증을 일으키고 각종 질병을 일으키는 주범으로 오해를 받고 있다.

밀가루의 글루텐이 일부 특이 체질 사람에게 설사, 영양장애, 장 염증 등의 질환을 일으킨다는 것이다. 이를 '셀리악병(Celiac disease)'이라고 한다. 그러나 셀리악병은 밀을 주식으로 하는 미국에서도 발병률 1% 미만인 희귀질환이다. 우리나라를 포함한 아시아에는 셀리악병 환자가 거의 없는데도 밀가루 음식을 먹으면 마치 모든 사람에게 부작용을 일으키는 것처럼 잘못 알려져 있다. 이러한 오해는 밀가루를 소비자들이 많이 먹으면 손해 보는 사람들과 방송의 쇼닥터, 연예인, 자칭 식품전문가들이 합세해 근거 없는 정보로 만들어 낸 것이다. 나쁘게 이야기해야 시청자들이 흥분하고 시청률이 높아지기 때문에 이런 나쁜 면의 내용만 모으고 퍼뜨리는 기자와 방송인도 한 몫 했다고 본다.

대표적으로 '밀가루를 끊어라'라고 주장하는 한 쇼닥터가 방송에서 글루텐의 위험성을 말하고, 밀가루로 인한 체내 독성물질을 자신이 만든 해독주스로 없앤다는 상업적 광고를 한 일이 있었다. 어느 개그우먼은 일주일 동안 밀가루를 끊고 날씬해졌다고 '밀가루 끊기 다이어트 열풍'을 일으켰으며, 자사의 쌀 제품을 홍보하기 위해 '밀가루와 글루텐 끊기 광고'를 확산시킨 어떤 대기업이 공개되는 등 거짓이 난무하고 있다.

또한, 서양 일부 나라에서는 밀이 알레르기를 유발한다고 해서 글루텐이 제거된 글루텐 프리 제품이 주목받고 있으나, 아직 검증되지는 않은 상황이다. 글루텐 프리 제품도 글루텐 함량을 낮췄을 뿐 옥수수전분으로 글루텐을 대체해 결국 밀가루와 비교해 건강에 미치는 차이가 없다고 한다. 또한, 글루텐을 제거하거나 함량을 낮추면 단백질 섭취가 부족해지고 탄수화물과 나트륨의 양만 높아져 영양불균형을 초래해 오히려 질병 유발가능성이 더 커진다고 한다.

밀가루가 '비만'을 유발한다는 주장 또한 지나친 억측이다. 미국의 'Grain Chain'에 따르면 피자와 파스타로 유명한 이탈리아는 밀가루 소비량이 미국보다 2배 많지만, 비만율은 미국의 4분의 1 수준이라고 한다. 미국의 대표적 음식인 기름에 튀긴 감자튀김, 햄버거 패티와 이탈리아의 화로구이 피자를 비교해 보면 비만의 원인이 식품 자체보다는 섭취량, 조리법 등 식습관과 운동량 등 생활습관과 연관성이 크다.

또한 "밀가루의 글루텐이 칸디다(Candida)라는 곰팡이와 유사하게 생겨 독을 낸다"는 괴담이 있는데, 사실상 곰팡이와 글루텐은 전혀 다른 물질이다. 표준국어대사전에 "곰팡이는 하등균류며, 몸은 균사(菌絲)로 돼 있고, 분열에 의한 포자로 번식한다"고 정의돼 있다.

사람을 포함한 모든 생물체의 몸이 단백질을 기본으로 하고 있어 곰팡이와 글루텐을 비슷한 것으로 착각한 것으로 생각된다. 곰팡이는 속과 종에 따라 모양이 다양하고, 글루텐과 같은 단백질 또한 여러 단백질이 혼합된 고분자물질이라 특별한 모양을 갖고 있지 않아 곰팡이와 글루텐의 모양이 비슷하다는 것은 근거가 없다.

우리가 먹는 밀가루에는 표백제가 들어가지 않는다. 아니 정확히 이야기 하면 표백제도 돈인데, 넣을 필요가 없다. 현재 우리나라에서 밀가루 표백제로 과산화벤조일(희석)이라는 첨가물을 사용하는 것은 합법이나 1992년 국내 제분업계 스스로 표백제를 사용하지 않기로 결의한후 표백제는 일절 사용하지 않는다고 한다. 실제로 통 밀가루가 아닌 일반 밀가루는 밀의 껍질과 배아를 제외하고 하얀색의 배유 부분만 제분하기 때문에 당연히 하얀색을 띠게 된다. 또 예전보다 제분기술이 발달해 입자가 훨씬 고와져 빛의 반사율이 높아 더욱 하얗게 보이는 것이다.

비단 밀가루에 대한 이러한 소비자들의 오해뿐 아니라 식품안전성에 관한 우리의 태도를 다시 한 번 고민해 볼 필요가 있다. 과학적이고 정확한 근거 없이 불안감을 부추기는 안티 정보가 공공연히 퍼져 식품 섭취에 대한 건전한 소비자의 구매에 대한 선의의 피해자가 속출하고 있다. 식품은 식품산업과 소비자의 선택에만 국한된 문제가 아니라 국민의 건강과 생명, 식량 안보에 직결되는 범국가적 문제이므로 과학에 근거한 신중한 판단이 반드시 필요하다.

사람이 먹는 모든 음식은 영양, 기능 등 좋은 면과 독성이라는 나쁜 약점을 갖고 있다. 어느 음식도 예외가 없다. 약점을 후벼 파 누명을 씌우려 한다면 모든 음식을 다 악으로, 독으로 만들 수 있다.

그래서 새로운 식품이 개발되거나 외국서 수입되면 경쟁업체 또는 이해관계가 걸린 국내 생산자, 정부와 언론이 나서 나쁜 면을 집중적으로

부각시키는 노이즈마케팅을 벌여 소비자들을 착각하게 만든다. 한번 사람의 뇌에 각인된 오해는 쉽게 고쳐지지 않는 특성이 있어 그 피해는 일파만파가 되고 오해를 푸는데 천문학적인 비용을 지불해야만 한다.

밀가루에 의한 비만과 성인병이 걱정이라면 글루텐 문제보다는 밀가루에 들어 있는 탄수화물, 크게는 전체적인 식품의 섭취량을 줄여 칼로리를 줄이는 방향으로 접근해야 한다. 음식이 원인이 돼 건강을 해치는 원인은 복합적이다. 비만이나 건강을 잃은 원인을 식품 자체에만 돌리지 말고 편식, 과식, 폭식, 야식, 운동부족 등 나쁜 습관에 있는 게 아닌지 다시 한번 생각해 보고 균형 있고 절제된 식습관과 생활습관을 지키도록 노력하기를 당부하고 싶다.

## 재미있는 식품 사건 사고

라면, 맥주, 과자, 어묵 등 가공식품의 주원료가 되는 소맥 전분은 밀가루가 주원료입니다. 국내 유일의 소맥전분 제조업체에서 러시아산 밀가루를 위생적으로 보관하지 않았다는 사실이 방송에 보도되면서 소비자들과 함께 국내 식품기업들이 극도로 긴장한 사건이 있었습니다. 이미 국내 기업들은 해당 업체와 계약을 해지하고 다른 회사로부터 소맥전분을 공급받고 있지만, 당시 썩은 밀가루 사진과 방부제가 섞여 있을 가능성이 매우 높고 밀가루에 뱀이나 쥐가 섞여 있는 것을 찍은 사진도 있다는 전직 직원의 폭로는 경악 그 자체였습니다.

이 밖에도 밀가루를 운반하는 선박에 GMO 대두나 옥수수가 미량 혼입되면서 유럽에 수출하는 라면이 반입 거부되는 사건도 있었지만 나라마다 비의도적 혼입기준이 다르기 때문에 발생한 사건으로 국내 기준으로는 전혀 문제가 없었기 때문에 안심해도 된다는 식약처의 발표가 있었습니다.

# 7) 물

　가뭄 때마다 물만큼 그 중요성이 절실해지는 것도 없다. 물과 공기는 거의 공짜로 무제한 인간에게 제공되다 보니, 보통 때는 인간의 생명에 가장 중요한 것임에도 불구하고 그 가치를 인정받지 못하는 게 현실이다.

　물은 화학적으로 산소와 수소의 결합물이다. 바닷물, 강물, 지하수, 우물물, 빗물, 온천수, 수증기, 눈, 얼음 등 어디에나 존재한다. 지구 표면적의 4분의 3을 물이 차지하고 있을 정도다. 지구 내부마저도 흙이나 바위 속에 스며들어 있거나 지하수 상태로도 존재한다.

지구에 지각이 형성된 이래로 물은 고체, 액체, 기체 상태로 존재하면서 인간에게 매우 중요한 역할을 해오고 있다. 해수와 육수가 태양열을 흡수해 수증기가 되면서 대기 속에 확산되고, 그 수증기는 응축되고 모여 구름이나 안개가 된다. 이것들이 다시 비, 눈, 우박으로 지표면에 내린 다음 모여 하천을 통해 해양, 호소로 흘러가는 것이 물의 순환이다.

물은 지구의 기후를 좌우하며, 식물이 뿌리를 내리는 흙을 만들고, 증기나 수력전기가 되어 기계를 움직인다. 인체는 약 70%, 어류는 약 80%, 미생물은 약 95%가 물로 구성돼 있고, 생명현상도 수용액에 의해서 일어나는 복잡한 화학반응이다.

수년 전 메르스(중동호흡기증후군)가 우리나라를 강타했었다. 바이러스 질환에는 면역력 외에는 딱히 치료약이 없다 보니, 면역력에 도움이 된다는 건강기능식품이 인기를 끌었다. 하지만 면역과 호흡기 건강에 최고로 좋은 음식이 바로 물이다. 물은 우리 몸에서 대사된 후 노폐물과 함께 밖으로 배출된다. 바이러스나 세균 또한 눈물, 콧물, 가래, 상처의 진물 등 수분(체액)에 흡착돼 배출된다.

우리가 마신 물은 장에서 흡수된 후 혈관을 타고 온몸에 퍼져 모든 조직과 세포에 공급된다. 동시에 폐·기관지의 말단인 허파꽈리에 모인 수많은 모세혈관을 통해 폐·기관지의 습도를 유지시켜 줘 바이러스의 증식을 억제한다. 몸의 습도가 적절하면 가래가 잘 빠져나와 염증을 조절하고 기침도 줄여준다고 한다. 노로바이러스가 겨울철에 더 많이 발생하는데, 이는 건조하고 낮은 온도에서 생존력이 더 높기 때문이다. 이런 연유로 "물을 많이 마시면 감기(인플루엔자 바이러스) 예방에 도움이 된다"는 이야기가 일리가 있다.

　그러나 물은 마시지 않으면서 건강기능식품만 찾는다면 면역 증진 효과를 볼 수가 없다. 노자가 '물은 상선(上善)'이라고 했을 정도로 물을 최고의 음식으로 여겼다. 그러나 물이 몸에 좋다고 해 지나치게 많이 마시는 사람들이 있는데, 과유불급(過猶不及)! 지나치게 많은 물은 혈액을 희석시켜 생명을 위협할 수가 있다.

　물의 급성독성치인 반수치사량(LD50)은 쥐(rat) 체중 1kg당 약 90ml 라고 한다. 사람과 쥐의 차이가 없다고 가정하면, 체중 60kg인 사람이 5.4L의 물을 원샷으로 마시면 사망할 수도 있다는 말이다. 그러나 사람은 쥐와 다르기 때문에, 사람에게만 적용되는 계산법이 있다. 물론 모든 사람에게 다 적용되는 것은 아니지만 일반적으로는 그렇다. 자신의 키 (cm)와 몸무게(kg)를 더해 100으로 나눈 값(L)이 바로 적정 하루섭취량인데, 키 170cm, 체중 70kg인 사람은 2.4L를 마시는 것이 좋다는 이야기다.

　사람이 먹는 모든 음식은 절대 선(善)도 절대 악(惡)도 없다! 적절한 양이 약과 독을 구분한다. 물도 몸에 좋은 최고의 약임과 동시에 독이 될 수 있어 몸에 좋다고 무조건 과음해서는 안 되고, 갈증을 느낄 때만 적절히 섭취하는 습관이 필요하다고 생각한다.

물은 인체에도 필수 불가결하지만 식품제조에도 반드시 필요합니다. 일반적으로 식품제조용수로는 상수도를 많이 사용하지만 지역에 따라 상수도 사용이 불가능한 지역이나 비용문제로 지하수를 사용하는 경우도 많이 있습니다.

이런 지하수는 1년에 한 번씩 검사기관에서 적합여부를 판단받아야 하는데, 부적합 판정이 난 지하수를 식품 제조에 사용할 경우 영업정지 1개월의 행정처분이 너무 가볍다는 소비자의 요구에 따라 2017년부터는 영업등록 취소, 즉 폐업을 명령하도록 매우 엄격하게 법령이 개정되었습니다.

안전한 식품 제조를 위해서 마땅히 적합 판정을 받은 지하수를 사용하도록 강력한 제재조치를 만들었기 때문인지 유사 사건의 발생이 급격히 감소하고 있습니다.

# 8) 생수(먹는샘물)

　요즘 먹는샘물 시장이 뜨겁다. 국내 관련 시장규모는 1997년 IMF 이후 연평균 14%의 높은 성장세를 보이고 있다. 1995년 국내 판매허용 이후 700억 원에서 현재 6,000억 원 시장으로 급성장했다. 국내 먹는샘물 제조업체는 그 수가 70여 개, 제품 브랜드도 100여 개에 달한다. 에비앙, 삼다수, 백산수, 석수, 퓨리스, 풀무원샘물 등이 대세다.

　2000년대에 이르러 국내 물 시장에 에비앙, 코카콜라, 네슬레, 워터스 등 다국적 기업들이 경쟁적으로 침투하기 시작하면서 이들과의 경쟁으로 국내 기업들은 내수시장 지키기도 버거웠고 수출은 꿈도 꾸지 못해 내수시장의 1~2% 수준에 불과하다. 해양심층수의 경우도 성장가 능성은 높으나 제품을 생산하는 핵심부품 및 시스템기술의 대외의존도 가 높은 실정이다.

병입수(bottled water) 시장은 전 세계적으로 급격하게 팽창하고 있 는데, 미국, 독일, 이탈리아, 프랑스, 스페인 5개국이 세계시장의 90%를 차지하고 있다. 소비규모 측면에서도 세계 병입수 소비량은 연평균 8% 이상의 성장률을 보이고 있어 먹는샘물 산업은 글로벌 블루오션이 되 고 있다.

국내에서 음용하는 병입수로 판매할 수 있는 물은 '먹는샘물', '먹는 염지하수', '먹는해양심층수'다. 그러나 시장에 유통되는 병입수는 먹는 샘물이 대부분을 차지하고 있다. '먹는염지하수'는 2011년 3월부터 '먹 는물'에 포함됐지만 아직 시판된 제품은 없으며, '해양심층수'도 2005 년 12월 법 개정을 통해 추가된 후 2008년 이후에야 제품화되기 시작 했다. 즉, 먹는샘물은 지하수(지하 암반수) 또는 용천수를 원수로 제조, 유통되는 시중의 병입수를 의미하므로 국내에서 유통되고 있는 대부분 의 병입수가 바로 '먹는샘물'인 것이다.

국내에서 '먹는샘물'이 정식 시판되기 시작한 것은 1995년 5월 「먹는 물관리법」 시행과 함께한다. 과거에 먹는물과 관련된 수인성 질병의 발 생, 수돗물에서 대장균과 바이러스 검출, 특히 1991년 초 발생한 낙동 강 페놀 오염사건과 1994년 낙동강 유기용제 오염사고 등의 발생에 따 라 국민들은 수돗물보다 약수나 생수를 선호하게 되었다.

정부는 이러한 국민 정서를 개선하고 수돗물의 질을 확보하기 위해 노력했다. 이러한 배경으로 탄생한 법이 바로 「먹는물관리법」이다. 먹는물의 안전성에 대한 국민의 신뢰를 확보하고, 수원 및 먹는물 관리의 효율성을 극대화하기 위해 당시 건설부의 상하수도 업무와 보건사회부의 음용수관리 업무를 환경처(1994. 5. 4.)로 이관했다. 또한 1995년에는 「공중위생법」과 「식품위생법」에 분산돼 있던 먹는물 행정을 통합한 「먹는물관리법」을 제정하게 되었다.

이 '수돗물 장려정책'은 취수원 수질 개선과 수돗물의 안정적 공급에는 긍정적으로 작용했으나, 상대적으로 먹는샘물에 대해서는 지나치게 엄격한 규제로 작용, 시장 확대의 장애요인이 되었다. 관련된 규제로는 제품의 특성 및 수명을 고려하지 않은 유통기한의 제한, 건강에 유익한 정보의 표시 금지, 먹는샘물의 지상파 TV 광고 제한, 지하수 사용 시 수질개선부담금 부과, 지하수 개발에 따른 환경영향조사 등이 있다.

국내에서는 허용되는 먹는샘물 원수 범위 또한 극히 제한적이다. 미국, 프랑스, 일본 등에서는 병입수의 원수 허용범위를 수질 조건에 만족하는 모든 물을 대상으로 하는 반면, 국내에는 '샘물' 즉, '암반지하수와 용천수, 염지하수, 해양심층수'만 해당된다. 그런데 염지하수와 해양심층수는 공급이 제한적이며, 국토의 특성상 국내에는 용천수도 거의 없다. 따라서 국내에서 활용 가능한 원수는 거의 지하수인 천연암반수밖에 없는 상황이다.

최근 분위기를 타고 있는 먹는샘물 시장을 확대하고 수입되는 외국 제품들과의 경쟁을 이겨내기 위해서는 고품질의 국내 샘물 수질의 확보와 다양한 상품 개발을 통한 경쟁력 강화가 필요하다. 또한 페트병에 담긴 먹는샘물은 여름철 고온상태에서 화물차로 운반하거나 햇빛을 쪼

이면서 장기간 보관, 유통시킬 경우 포름알데히드와 아세트알데히드가 발생해 위해를 끼칠 수 있으므로 그 안전성 확보 또한 중요한 과제라 하겠다.

## 재미있는 식품 사건 사고

1990년대 생수가 판매되기 시작했는데, 당시에는 음료수보다 비싼 가격과 수돗물을 음용하던 시기라 대가를 지급해야 한다는 인식이 생기기 전이어서 성공을 예상하기가 어려웠습니다. 하지만 '에비앙' 등 고가의 생수가 수입될 정도로 지금은 어떤 음료수보다도 인기 있는 제품이 바로 「먹는물관리법」에서 규정하고 있는 생수입니다.

국내 생수 중에서는 '제주 삼다수'가 많이 알려져 있는데, 위탁판매를 했던 국내 식품대기업과 제주도개발공사의 유통·판매 계약이 만료되면서 소송이 진행되기도 했고, 상표권 분쟁도 있었는데 제주개발공사가 결론적으로 이겼습니다.

이밖에도 일본회사와 중국회사 역시 '제주 삼다수'에 대한 상표 소송을 제주개발공사에 제기했지만 모두 제주개발공사가 승소하면서 지금까지 '제주 삼다수'라는 상표가 잘 보존되고 있습니다. 제품도 중요하지만 소비자에게 알릴 수 있는 상표도 매우 중요하다는 것을 보여준 사례입니다.

# 9) 수소와 수소수

　수소(hydrogen, 水素)는 지구상에 존재하는 가장 가벼운 원소로 그 원소명(hydrogen)은 그리스어인 물을 뜻하는 '히드로(hydro)'와 생성한다는 뜻의 '제나오(gennao)'를 합친 합성어다. 1766년 영국의 캐번디시가 묽은 산과 금속과의 반응에서 생성되는 수소를 처음 확인했다. 1783년 프랑스 화학자 라부아지에는 뜨겁게 달궈진 철관 속에 수증기를 통과시켜 물을 분해하고 수소를 얻는 데 성공했고, 수소를 연소시키면 물이 생기는 사실도 밝혔다.

수소는 원자 두 개가 모인 분자($H_2$) 상태로 존재하며, 순수한 수소 기체상태가 아닌 화합물상태로 존재하는데, 물이나 가솔린, 천연가스, 프로판, 메탄올과 같은 유기화합물로 존재한다. 수소는 천연가스를 비롯한 탄화수소를 열분해하거나 물을 전기분해해 얻는다.

수소 기체는 연소 후 물이 생성될 뿐 다른 오염물질을 만들지 않아 $CO_2$를 발생시켜 지구 온난화의 원흉이 된 석탄, 석유를 대체할 무공해 에너지자원으로 각광받고 있다. 암모니아, 염산, 메탄올 등의 합성에 대량으로 사용되며, 연소열도 커 액체연료의 제조나 금속의 절단 등에 사용된다. 식품산업에서는 수소 첨가로 불포화지방을 포화지방으로 만들어 경화시켜 기름으로 마가린이나 트랜스지방을 제조하는 데 사용된다.

그러나 수소는 공기나 산소와 접촉하면 쉽게 불이 붙는 특징이 있어 저장이 어렵고 폭발의 위험성이 있다. 또 '수소폭탄' 제조에도 사용돼 캔이 폭발하지나 않을까 걱정도 된다. 그러나 수소를 물에 0.00012% 첨가하는 정도의 수소수는 폭발 걱정은 전혀 하지 않아도 된다.

중국 신화통신은 2016년 10월 5일 한국의 첫 번째 수소수 캔음료 브랜드 '수소샘(SUSOSEM, 水素之泉)'이 정식으로 중국 품질검사 및 검역 증명을 통과해 중국시장 진출을 위한 세관 통관허가를 얻는데 성공했다고 보도했다. 수소샘은 한국의 애니닥터헬스케어사에서 개발, 생산한 수소수 캔음료로, '미네랄워터'라고 소개했다.

'수소샘(SUSOSEM, 水素之泉)' 미네랄워터는 2016년 6월부터 국내에서 판매되고 있으며 품질과 맛의 차별성을 알리는 중이다. 최근 세계적으로 급성장하고 있는 미네랄워터 시장에 편승한 건강 컨셉의 마케팅이라 볼 수 있으며, 일본, 중국 등 아시아에서 건강음료로 인기를 끌고 있다고 한다.

'수소수'는 기존 미네랄워터에 이산화탄소($CO_2$)를 넣은 '탄산수' 대신에 수소(H)를 넣은 물이다. 그것도 겨우 0.00012%의 수소를 첨가했고, 그 이상의 다른 물질이 들어 있지는 않다. 게다가 수소는 대단한 물질이 아니라 원래부터 물에 포함돼 있는 것이다. 물($H_2O$)의 분자량이 18이고, 산소(Oxygen)의 원자량이 16, 수소(Hydrogen)는 1, 수소가 2개 들어 있으니 2/18 즉, 물의 약 11%가 수소인 셈이다.

수소샘 제품은 "수소가 인체 내 유해한 산화반응을 억제하는 항산화물질의 대사에 효과적이며, 피부노화를 느리게 하는 등등의 효과가 있다"고 홍보하고 있다. 또한 수소 관련 제품이 2016 도쿄건강산업박람회(Tokyo Health Industry Show, THIS 2016)의 주요 테마 중 하나였을 정도로 건강에 좋은 것으로 알려져 인기를 끌고 있다고 한다.

그러나 사람이 먹는 음식은 대부분 몸에 좋은 효능과 독성을 모두 갖고 있다. 수소도 마찬가지로 결국 양(dose, 量)이 좌우한다.

수소수에 포함된 수소는 원래부터 물에 포함된 양 이외에 미량 첨가한 것인데, 인체에 좋은 영향을 줄지, 나쁘게 작용할지는 임상실험을 거쳐봐야 알겠지만 과학자의 소견으로 이 정도 양으로는 인체 영향이 없을 것이라 확신한다. 물론 맛에 영향을 주지도 않는다. 수소는 무색, 무미, 무취의 기체이기 때문이다. 즉, 과학적 인체 영향평가로는 기존 미네랄워터와 비교해 그리 좋을 것이 없다는 것이다.

음식의 심리적 영향이 크기 때문에 수소가 주는 청량감에 대한 기대로 즐기면 그만이다. 그러나 약처럼 몸에 좋은 효과를 주는 것으로 오해하며 수소수를 마신다면 실망할 뿐이다.

물에 대한 논란이 최근까지도 계속되고 있는 사건은 바로 '알칼리 환원수' 소주 사건이 있습니다. 수소수나 알칼리 환원수도 식품용수로 사용되기 위해서는 「먹는물관리법」에 적합한 것이어야 합니다. 알칼리 환원수는 지하수를 전기분해하여 주류에 사용한 것인데, 「먹는물관리법」을 관리하는 환경부의 의견과 2006년 논란 당시 「식품위생법」을 관리하는 보건복지부의 판단이 상이해서 혼란이 있었습니다.

하지만 결과적으로 대법원에서도 알칼리 환원수를 소주에 사용할 수 있다고 판단했고, 관련 행정기관에서도 문제가 없다고 확인함으로써 모든 논란은 종결되었습니다. 모든 식품원재료는 「식품위생법」에 규정이 있어야만 사용이 가능하므로 식품분야에 있어서 신제품 개발이 얼마나 어려운지를 보여주는 사례라고 할 것입니다.

# 10) 질소와 질소과자

요즘 소비자들이 뿔이 났다. 식품업체가 봉이 김선달보다 더하다고 한다. 물장사도 모자라 이제는 공기장사를 한다고 한다. 빵빵한 봉지에 과자가 몇 개 들어 있지도 않은 소위 '질소과자 논란' 때문이다. 제과업체에서 판매하는 과자들이 질소충진 때문에 포장에 비해 내용물이 터무니없이 모자라 화가 난 것이다.

물론 과자봉지 속의 질소는 과대포장이 목적이 아니라 '과자의 파손 방지'라는 좋은 취지로 넣은 것이다. 질소기체는 상온에서 화학적으로 비활성이라 과자봉지의 충전제로 주로 쓰이며, 자동차의 에어백에도 활용되고 있다. 또한 숨 쉬는 공기의 80%를 차지해 색깔, 맛, 냄새가 없고, 안전하고 저렴하기까지 한 것 또한 알고 있다.

두 번째 목적은 유통과정에서 일어나는 '과자의 변질을 막는 것'이다. 대부분의 식품은 산소와 만나면 변질된다. 과자 특히, 기름에 튀긴 유탕과자는 유통 중 산패가 잘 일어나는데, 산소 대신 채워진 반응성 낮은 질소는 산패를 방지하고 신선도를 유지해 바삭한 식감과 향을 유지시켜 준다.

그 동안 급속냉동에 주로 활용되던 액화질소 또한 최근 요리에도 활용된다고 한다. 낮은 온도(-196℃)의 액체질소는 부패되기 쉬운 식품을 수송할 때 냉동제로도 쓰인다. 실제 질소기체를 초저온으로 만들어 고압으로 압축시키면 산소나 수소분자에 비해 안정적이라 식품의 냉동, 건조 또는 생체물질의 변성을 막는 용도로 사용할 수 있다.

질소(窒素, nitrogen)는 1772년 스코틀랜드 물리학자 다니엘 러더퍼드가 처음 발견했다. 1789년 프랑스의 화학자 라부아지에는 "질소는 산소와 달리 호흡과 관련이 없으며, 생명을 지속한다"는 뜻의 그리스어인 'zotikos'에 부정을 뜻하는 접두사 a를 붙여 'azote'라 명명했다. Nitrogen이라는 지금의 질소원소의 명칭은 1790년 장 샤프탈이 질소가 초석(질산칼륨)의 주성분이라는 사실에 근거해 초석을 뜻하는 라틴어 'Nitrum'과 생성한다는 뜻인 그리스어 'gennao'를 합성해 'nitrogene'으로 제안했고, 이후 영어 표기인 'nitrogen'이 만들어진 것이다.

질소는 대기 부피의 78.09%를 차지해 대기 중 가스형태로 주로 발견되는데, 해수나 암석에도 광범위하게 존재한다. 또한 우주에서 여섯 번째로 많은 원소이기도 하다. 자연적으로 발견되는 질소의 동위원소는 $14N$, $15N$이 있는데, 이 중 $14N$이 99.6%로 대부분을 차지한다. 이외 $12N$, $13N$, $16N$, $17N$는 방사성 동위원소로 매우 불안정하다.

대부분의 질소는 질소화합물 제조에 쓰이는데, 다이너마이트를 비롯한 각종 폭약 제조의 기본 원료로 사용된다. 산화질소는 휘발성이 매우 크며, '웃음가스'라고 알려진 일산화이질소($N_2O$)는 마취제로도 쓰인다. 그 외 이산화질소($NO_2$)는 질산 제조공정의 중간물질로 화학공정에서 강력한 산화제로 쓰이며, 로켓 연료로도 사용된다.

모든 가공식품에서의 첨가물 사용은 과유불급이다. 과자에 질소를 첨가한 것이 문제가 아니라 지나치게 많은 양을 봉지에 넣어 파는 것이 문제다. 질소 충진으로 감자칩의 원형 유지와 바삭한 식감을 즐기게 해준 것은 고마운 일이지만, 제품의 신선도를 유지하는 수준에서 과대포장이라는 느낌이 들지 않을 정도의 양만 넣었으면 하는 것이 소비자의 바램이다.

## 재미있는 식품 사건 사고

어린이영화 용가리에 나오는 주인공처럼 먹으면 입과 코에서 연기가 나온다고 해서 붙여진 이름이 바로 일명 '용가리 과자'(질소 과자)인데, 인기리에 판매되다가 섭취한 초등학생 어린이의 위에 구멍이 생기는 사건이 발생하면서 사회적으로 큰 관심을 불러 일으켰었습니다. 사건 발생 이후 식약처에서는 시행규칙 개정을 통해 최종제품에 액체질소가 잔류할 경우 영업정지 등의 행정처분을 명령할 수 있도록 발 빠르게 움직였습니다.

액체질소의 경우 리터당 500원에 불과해 가격이 저렴하지만 -196℃ 상태로 취급 시 안전문제가 발생할 수 있었는데, 식약처나 지자체에서 관심을 두지 않고 있어서 학교 앞 식품판매점이나 물놀이 시설 등에서 누구나 판매를 하고 있다가 이렇게 큰 사건이 발생했었습니다. 식품안전은 한순간의 방심으로 돌이킬 수 없는 사고가 된다는 교훈을 다시 한번 일깨워 준 사건이었습니다.

# 11) 아산화질소와 해피벌룬

2017년 6월 7일 식품의약품안전처와 환경부는 최근 성행하고 있는 마약풍선(해피벌룬)의 주원료인 '아산화질소'를 환각물질로 지정하고 향후 오·남용을 방지하기 위한 안전관리 시책을 발표했다. 이번 조치는 허용된 의료용, 식품가공용 외 순간적인 환각효과를 목적으로 아산화질소를 오·남용하는 것을 막아 국민 건강을 보호하기 위한 조치다.

마약풍선(해피벌룬)의 주원료인 아산화질소는 의료용 보조 마취제, 휘핑크림 제조에 사용되는 식품첨가물 등의 용도로 사용되는 화학물질이다. 아산화질소(亞酸化窒素, nitrous oxide, $N_2O$)는 일산화이질소, 산화이질소라고도 불리는데, 약한 향기와 단맛을 지닌다.

이는 질산암모늄을 열분해할 때 생기는 무색투명한 기체로 마취성이 있어 외과수술시 전신마취에 사용된다. 이 기체를 흡입하면 얼굴 근육에 경련이 일어나 마치 웃는 것처럼 보여, '웃음가스'(소기, 笑氣, laughing gas)라고도 한다. 그래서 파티나 유흥주점에서 흥을 돋울 때 풍선에 담아 흡입하는 일이 많다고 한다.

이 아산화질소는 1793년 조지프 프리스틀리가 철가루를 가열해 최초로 발견했지만, 실용화한 것은 6년 뒤 영국의 화학자 험프리 데이비였다. 그는 외과의사의 조수를 거친 뒤 연구소에 들어가 이 기체의 고통을 제거하고 유쾌해지게 하는 속성을 증명하는 실험을 해 웃음가스라 명명했고, 『화학과 철학 연구』라는 저서에서 마취제로 쓰이게 될 것을 공언했다.

이는 일반적으로 독성과 자극성이 약해 안전한 물질이며 산소가 20%나 혼합돼 사용되긴 하나 지나치게 많이 흡입할 경우, '산소결핍증(저산소증)'을 유발하고 심할 경우 사망에 이를 수 있어 위험하다. 이에 안전 당국은 경각심을 갖고 허용된 용도 외 풍선을 활용한 흡입을 삼갈 것을 당부하고 있다.

정부는 최근 아산화질소 오·남용에 따른 건강 우려에 대한 조치로 강력한 안전관리 대책을 내놨다. 식약처는 의료용과 식품가공 시 사용되는 식품첨가물용 이외 흡입 용도로는 유통·판매되지 않도록 안전관리를 강화했다. 식품첨가물용 아산화질소에는 '제품의 용도 외 사용금지'라는 주의문구를 표시토록 했으며, 의약품용에는 '의료용'으로 표시해 의료기관에만 공급되도록 규정하고, 개인에게의 유통은 불법이라 「약사법」에 따라 처벌된다.

그리고 이 아산화질소를 환경부의 「화학물질관리법」에서 환각물질로 지정할 경우, 의약품 외 다른 용도로 아산화질소를 흡입하거나 흡입을 목적으로 판매하는 것이 금지된다. 현행 시행령에는 '톨루엔, 초산에틸, 부탄가스 등'이 환각물질로 정해져 흡입이 금지돼 있고, 이를 위반할 경우 3년 이하의 징역 또는 5천만 원 이하의 벌금에 처해진다. 즉, 환각물질인 아산화질소를 풍선에 넣어 판매하는 행위는 경찰의 단속 및 처벌 대상이 된다.

정부의 이와 같은 안전관리 조치는 적절하나 식약처와 환경부 등에 분산된 다원화된 안전관리 기능은 정부의 신속하고 단호한 정책적 판단에 걸림돌이 될 가능성이 크다. 의료용 환각물질이며, 식품첨가물 용도로 사용되는 아산화질소가 의약품과 식품의 안전성을 책임지는 전문 부처인 식약처에서 일괄 관리되지 못하고 환경부 소관인 「화학물질관리법」에 분산 관리돼 있어 안전관리의 효율성이 여전히 떨어진다는 우려가 있다.

이번 '마약풍선(해피벌룬)' 사건은 '옥시가습기살균제 사건'과 같은 참사급의 대규모 안전이슈도 아니고 사전예방관리 성격의 선제적 안전관리대책이라 무리가 없었고 다행히 잘 넘어가고 있다. 그러나 다시는 가습기살균제와 같은 재앙이 발생하지 않도록 이참에 「화학물질관리법」에서 관리하는 생활용품 중에서도 식의약품 안전과 관련된 것들을 식약처에서 통합 관리토록 해 명실상부한 '식의약품 안전관리 행정체계의 일원화'를 이루길 바란다.

'마약 풍선'으로 알려진 아산화질소 과다 흡입으로 20대 청년이 사망한 사건이 있었습니다. 아산화질소는 식품첨가물로 인정받은 분사제로서 전 세계적으로 생크림 제조 시 휘핑가스로 사용되는 물질입니다. 이렇게 분사제로 사용되는 경우 매우 소량이기 때문에 인체에 전혀 위해가 없습니다.

하지만 아산화질소는 의료용 보조 마취제로 사용되는데 보통 풍선에 포함된 아산화질소를 10초 정도 흡입하면 술에 취한 듯한 기분이 느껴진다고 해서 남용되고 있었습니다. 하지만 과다 흡입으로 인한 사망사건이 발생하면서 식약처에서는 아산화질소를 마약류로 지정하여 엄격한 관리를 시행하고 있습니다.

# 12) 육류(적색육)

　2015년 10월 26일 세계보건기구(WHO) 산하 국제암연구소(IARC)가 소시지, 햄 등 가공육을 담배나 석면처럼 발암 위험성이 높은 '1군 발암물질(Group1)'로 분류하고 '붉은 고기' 섭취도 암을 유발할 가능성이 있다는 평가를 내렸다. IARC는 '세계질병부담평가 프로젝트(the Global Burden of Disease Project, GBD)'의 연구결과를 인용해 전 세계적으로 고기 섭취를 통해 매년 3만 4천 명이 사망한다고 했다. 담배는 100만 명, 알코올은 60만 명, 대기오염으로 20만 명이 숨진다는 비교

또한 제시했다.

그러나 IARC 발표의 메시지는 '고기는 암을 유발한다.'가 아니라 '인류는 고기 섭취량을 줄여야 한다.'는 일종의 경고 메시지로 봐야 한다. IARC 측도 가공육을 적게 섭취할 경우엔 직장암 발생 위험이 통계적으로 그리 높지 않으나, 대다수 사람이 가공육을 섭취하고 있어 공중보건 차원에서 암의 충격에 대비하기 위해 발표한 것이라고 한다.

최근 지구온난화의 주요 원흉으로 '축산업', 즉 '가축의 생산'이 지목받고 있다. 좁은 공간에 가축을 몰아넣고 사육하는 공장식 밀집사육으로 수질과 대기가 오염되고, 이산화탄소 발생으로 지구온난화가 촉진된다는 것이다. IARC의 고기 발암물질 지정도 이러한 환경보호운동, 기후변화 대응 등과 연관이 있다는 생각이 든다.

모든 식품에는 좋은 성분도 있고 미량이나마 독(毒)이 되는 물질도 포함돼 있다. 그래서 음식이 주는 좋은 면과 나쁜 면을 균형 있게 판단해야 한다. 고기를 먹으면 암 발생 증가 등 손해도 있으나, 고기를 먹지 않으면 면역력이 떨어져 사소한 감염성 질환에 걸리기 쉬워 더 큰 건강상 피해를 볼 수 있다.

옛날 고기가 귀해 단백질과 영양 섭취가 부족했던 시대에는 사람의 수명이 훨씬 더 짧았다. 고기의 동물성 포화지방이 혈중 콜레스테롤 수치를 높여 심혈관질환을 일으키는 것은 사실이다.

그러나 콜레스테롤과 포화지방 섭취가 부족하면 암 발생, 기억력 소실, 파킨슨병, 호르몬 불균형, 뇌졸중, 우울증, 자살, 과격한 행동이 증가해 고기를 먹지 않는 것보다 먹는 것이 이익이라고 한다. 고기가 주는 장점들은 무시한 채 발암성 등 고기의 나쁜 면만 부각시키는 것은 괜한 사회적 불안을 일으킬 수 있다.

가공육은 냉장·냉동 등 '콜드체인(cold chain, 저온유통체계)'이 없어 고기를 신선하게 보관할 방법이 마땅치 않던 시절에 어쩔 수 없는 선택이었다. 당연히 저장성이라는 이익을 얻기 위해 보존료나 가공처리에 의한 안전성 손해를 볼 수밖에 없다.

고기는 어차피 대안이 없고 먹지 않을 수 없는 식품이다. 위해성 평가 없이 양과 섭취 방법 등을 고려하지 않은 채 위해요소(hazard)의 존재 여부만으로 위해성(risk)을 추정해 '먹어라 마라, 좋다 나쁘다' 등 소비자의 판단을 왜곡시키는 극단적인 안전성 발표는 적절하지 않다. 국민 건강을 위해서라도 소모적인 '안전성 문제' 제기는 바람직하지 않다.

그보다는 건강에 유해하지 않은 섭취방법을 정확히 알려 줄 필요가 있다. 즉, '고기를 먹지 마라'가 아니라 "고기를 먹을 때 연탄이나 번개탄에 굽지 마라", "고기를 까맣게 태워서 먹지 마라", "석쇠 직화구이보다는 불판을 사용하거나 삶아 먹어라" 등 '육류섭취가이드라인'을 제시하는 게 현실적이다.

## 재미있는 식품 사건 사고

우리나라 사람들이 다른 어떤 식재료보다 원산지를 따지는 것이 바로 소고기, 특히 한우(韓牛)입니다. 그런데 한우의 원산지표시는 일반 상식과 법령이 조금 다릅니다. 2009년 농협에서 경기도와 충청도 한우를 강원도 횡성으로 들여와 한동안 사료를 먹인 뒤 횡성한우라고 판매했다가 적발된 사건이 있었는데, 법원에서는 무죄를 선고해서 소비자들은 이해할 수 없다는 반응이 대세였습니다.

현행 법령상 한 지역에서 얼마간 사육해야 원산지로 인정할 수 있는지 기준이 명확하지 않다는 것이 이유였습니다. 최근에는 '홍성한우직판점'이라는 간판을 달고 홍성한우 외에 다른 지역의 한우를 판매했다가 「축산물위생관리법」 허위광고로 기소되었으나, 무죄를 선고받은 사건도 있었습니다. 일부 홍성한우를 판매했다는 이유였습니다. 결국 소비자들은 한우인지 수입산인지를 구분하면 되는 것이지 지역 명칭 때문에 비싼 가격을 지불할 필요가 없다는 결론입니다.

# 13) 말고기

　2013년 유럽에서는 '소고기' 대신 '말(馬)고기'를 넣은 식품이 유통돼 난리가 났다. 1월부터 이미 영국과 아일랜드에서 폴란드산 말고기 혼입 소고기 햄버거가 판매돼 떠들썩했던 적이 있었다. 이번엔 스웨덴 냉동식품업체 핀두스의 쇠고기 파스타에서 말고기가 검출됐는데, 도축된 원산지는 루마니아였고, 제조·유통과정에 프랑스, 네덜란드, 스웨덴까지 연루됐다. 게다가 냉동 라자냐와 미트소스 스파게티에서도 말고기가 검출돼 리콜되며, 유럽 전역을 강타하고 있다.

유럽에서는 매년 약 6만 5천 마리의 말이 도축된다. 이번 사건은 싼 말고기를 소고기로 둔갑시켜 부당 이익을 노린 고의적인 사기행위다. 영국에서는 도축 허가 공무원과 가공업체간의 은밀한 거래를 고발하기도 했었다. 이러한 사건은 전형적인 후진국형 사건인데, 식품법과 안전관리행정이 가장 잘 정비된 유럽에서 발생했다는 것이 더욱 충격적이다.

식품을 자급자족할 때는 위생문제와 속이는 행위가 거의 없다. 그러나 식품이 상품(商品)이 되어 상거래(商去來) 되면서부터 양과 질을 속이고, 불건전하고, 불완전하고, 나쁘게 변질돼 인체에 해를 끼치는 문제가 발생함에 따라 법과 규제가 시작되었다.

식품 법(法)은 고대부터 존재해 왔는데, 중세 유럽과 중국 등 식품교역이 활발했던 곳에서는 어김없이 불량기름, 불량향료, 불량밀가루, 무게조작, 병들거나 상한 고기와 우유 판매 등 식품 상행위 관련 부정행위가 빈발해 법이 제정되고 규제가 시행되었다. 영어로 쓰인 최초의 식품법은 1202년 「불량빵금지법」이며, 1266년 「무게부족과 상한고기금지법」도 있었다.

말고기는 미국에서는 식용을 금지하고 있으며, 유럽에서는 프랑스, 이탈리아 등 일부 지역을 제외하고는 대부분 나라에서 관습적으로 먹지 않는다. 특히 영국에서는 말고기를 금기시 해 파장이 더욱 클 것이며, 유대교 역시 금지하고 있어 종교 문제로 비화할 가능성도 있다고 한다.

우리나라에서도 말고기가 마트에서 판매된다. '웰미트'라는 브랜드로 출시된다고 한다. 말고기는 소고기나 돼지고기에 비해 지방함량이 절반 수준이며, 아미노산이 풍부한 저지방·저칼로리·고단백 고기로 영양학적으로 우수하다. 특히, 불포화지방산, 아연 등의 함량이 높고 철분 함량도 높아 성장기 어린이나 여성에게 좋으며 높은 글리코겐 함량 덕에 피로회복에도 도움이 된다고 한다.

의서 『방약합편』에도 "말고기는 원기가 부족해 기운이 없고 피로를 자주 느끼며 매사에 의욕이 없을 때 이를 회복시켜주는 효능이 있고 몸을 차게 해 진정 및 소염작용이 있어 흥분을 잘하거나 혈압이 높은 사람, 심장·폐·대장이 약한 사람에게 좋다"고 전한다. 민간에서도 말의 다리뼈는 신경통과 관절염에, 말기름은 화상에 특효인 것으로 알려져 있어 말은 고기뿐 아니라 내장, 기름, 뼈가 모두 귀하게 쓰인다고 한다.

말고기는 구석기시대부터 많이 먹어 왔다. 수렵인들은 야생마 고기로 포식했으며, 아시아 유목민은 물론 기독교 이전의 북유럽 민족도 말고기를 많이 먹었다고 한다. 석기시대 사람들은 말고기를 자주 먹었을 뿐 아니라 벽화에도 많이 남겼다. 지금은 말의 가격이 많이 싸졌고, 그 용도도 줄었지만, 예전에는 소, 돼지, 양고기와 같은 가축보다 키우는 데 비용도 많이 들고 쓸모가 많아 거의 먹지 못했었다.

특히 말은 되새김질을 하지 않아 소나 양보다 30% 정도 풀을 많이 먹여야 해 고기 목적으로 키우기에는 비효율적이었다. 그래서 말을 키우는 목적은 고기와 젖보다는 주로 운송 수단, 전쟁의 도구였다.

그렇기에 말은 고대 중동제국시대에는 전쟁의 중요한 자원으로 사용돼 교황의 칙령에 따라 식용이 금지됐었다. 유럽 중세시대 교황도 모든 기독교인에게 말고기 금기령을 내린 적이 있었다. 영국은 모든 것이 풍족해 굳이 말고기를 먹지 않아도 육류가 충분했고, 기병대의 자존심을 세워 주기 위해, 그리고 승마가 인기스포츠라 말을 먹지 않는다고 한다.

미국 역시 신대륙 개척 때부터 말을 길러 왔고 다른 육고기가 많아 귀족적 이미지를 지키기 위해 말고기 섭취를 꺼려 식용을 금지하고 있다. 유대교 역시 말고기 섭취를 금지하고 있다.

그러나 프랑스혁명 때 프랑스와 러시아를 포함한 많은 유럽국가에서 말고기를 다시 먹기 시작했다고 한다. 건강과 함께 다양한 맛을 찾는 현대인의 기호에 따라 벨기에 등 일부 유럽 국가에서 말고기가 건강식품으로 인기를 끌고 있다고 한다.

우리나라에서 말고기는 갈비찜, 구이, 샤브샤브 등으로 요리되는데, 제주도를 중심으로 판매되고 있으며 일본에서는 육회로도 먹는다고 한다. 제주의 말 사육 두수는 지난해 6,300마리로 늘었고 마육 전문가공 공장이 2개소, 말고기식당이 20여 곳 있다고 한다.

『삼국지위지동이전』에 사람이 죽어 장사지낼 때 말고기를 식용으로 사용했으며, 천무제 때는 말고기의 식용을 금했다는 기록이 있다. 또 후한서에 외부인들이 침입해 말을 도살해 먹었고 삼국유사에 소젖을 음용한 기록이 있다.

조선시대 세종 초기에는 말고기 수요가 급증해 중국 사신들의 위로연을 제외하고는 사용을 금지했다는 기록도 있으며, 연산군이 정력제로 '백마(白馬)'만 골라잡아 먹었다는 이야기도 전해진다. 그러나 1401년 군마로 사용할 말이 줄어 말고기 육포를 진상품으로 올리지 말라는 금지령이 내려졌다. 고려시대인 1227년 몽골에 보낼 전투용 말을 제주에서 대량 사육하게 되면서부터 우리나라에서 말고기를 본격적으로 먹기 시작했다고 한다.

인류는 문화와 생존방식이 달라 말을 포함한 다양한 고기를 먹어 왔다. 현재에도 국가별로 다양한 고기를 즐기고 있는데, 호주의 캥거루, 아프리카 케냐의 기린, 하마, 악어, 코끼리, 아마존강 유역의 곤충과 파충류, 중국의 뱀, 개, 고양이, 쥐, 스페인의 비둘기 등 다양한 고기 식문화가 형성돼 있다.

말고기 파동에 연루된 업체들은 말고기가 섞인 제품이 인체에는 무해하다고 해명하고 있으나, 말 사육에 사용되는 페닐부타존 등 식품용 가공육에 포함돼서는 안 되는 금지약물이 포함됐을 가능성도 있어 걱정스럽다. 우리나라도 말고기나 다른 싼 고기가 소고기 대신 가공육으로 둔갑해 유통되고 있지 않다고 누가 장담할 수 있겠는가?

고의적 식품사범에 대해 정부가 매출액의 10배에 해당하는 '부당이익환수제'를 실시하는 등 규제가 강화되는 추세라 든든하긴 하지만, 우리나라에서도 수입고기, 유통 중인 햄버거 패티 등에서 표시와 다른 말고기나 기타 싼 육류 사용을 DNA 검사로 점검해 봐야 한다.

## 재미있는 식품 사건 사고

유럽과 달리 말고기를 접하기 힘든 우리나라에서는 소고기보다 말고기가 비싸고 공급이 많지 않기 때문에 가짜 말고기 사건이 발생할 리는 없습니다. 게다가 최근에는 오히려 진짜 고기와 똑같은 식감과 맛을 내는 가짜 고기(Fake meat)가 더 인기가 있습니다.

미국에서는 임파서블 푸드라는 회사가 각종 곡물을 다져 인공 고기를 만들어 판매하면서 이미 대중들에게 널리 알려져 있고, 마이크로소프트 창업자인 빌 게이츠도 인공계란을 미래 음식이라고 소개할 정도로 식물성 원료로 만든 육류 제품이 주목을 받고 있습니다.

이런 긍정적인 사례와는 달리 중국에서는 가짜 양고기나 소고기를 만들어 판매하다가 900명 이상이 체포되는 사건도 있었다고 하는데, 국내에서는 '국내산'이라고 표시했지만 '수입산'을 속여서 판매하다가 적발되는 사건이 자주 발생하고 있습니다.

# 14) 우유

　우리나라는 우유가 참 비싸다. 낙농가는 우유가 안 팔려 남아돈다고 하는데도 비싸다. 귀해서 비싼 게 아니라 생산, 유통체계가 비효율적이라 비싸다고 한다. 미국에서는 우유가 과일주스보다도 싸 소비량이 엄청나다. 심지어는 우유를 물처럼 마신다고도 한다. 우리나라도 우선 우유 값부터 낮춰야 소비가 늘어날 수 있다고 본다.

　우유 값을 낮추려면 국내 낙농가가 생산원가를 낮춰 원유 출고가를 낮추든지 저렴한 분유를 수입해 와 환원유로 만들어 팔면 되는데, 이 또한 생산자의 소탐대실로 실현되지 못하고 있다. 결국 비싼 우유 값으로 소비자는 물론 생산자, 제조업체도 손해를 보는 악순환의 늪이 계속된다.

　'우유는 완전식품이다', '많이 마실수록 건강에 좋고 키도 커진다'는 찬양과 함께 '오래 살고 싶으면 우유를 마시지 말라', '젖을 뗀 후에 다시 우유를 마시는 동물은 사람밖에 없다'는 부정적인 경고도 잇따르고 있다.

　인류의 역사와 늘 함께해 온 소금, 설탕, 육고기, 쌀, 밀가루 등 모든 음식에는 찬사와 괴담이 공존해 왔다. 일정 부분 맞는 얘기여서 지금까지도 갑론을박하고 있다. 모든 음식은 타고난 역할과 이익이 있고, 부족하거나 과량이 되면서 독(毒)이 되는 양면성을 갖고 있는데, 사람들이 이해득실을 따져 음식의 유리한 면만을 부각시켜 활용하고자 하며 빚어진 일이다.

인류는 소를 가축으로 활용하기 시작한 기원전 4000~6000년쯤부터 우유를 먹은 것으로 추정된다. 지금도 '생유(raw milk)' 외에 다양한 형태의 유제품이 소비자의 사랑을 받고 있다. 지방을 제거한 탈지분유나 유당불내증을 피하기 위한 유당분해 우유도 있고 다른 식품과 첨가물을 섞어 만든 커피우유, 딸기우유, 바나나우유 등 다양한 형태로 존재한다. 또한 가공돼 버터, 생크림, 치즈, 요구르트, 아이스크림 등으로도 만들어진다.

사실 우유는 기원전 400년쯤 '의학의 아버지' 히포크라테스 때부터 완전식품이라 입증돼 왔고, 많은 소비자가 큰 키와 튼튼한 뼈, 우유 빛깔의 뽀얀 피부를 갖기 위해 필요하다며 우유를 마시고 있다. 우유는 단백질, 지방, 유당, 비타민, 미네랄 등 다양한 영양소를 갖고 있다. 특히 칼슘과 칼슘 흡수를 돕는 비타민D, 유당 등이 풍부해 어린이 성장이나 골다공증 예방에 도움을 준다고 한다.

그러나 우유에 반감을 가진 사람들도 많다. 우유가 학교급식에 등장하게 된 것이 낙농업자가 정부에 로비한 결과이며, 우유의 효능 또한 마케팅을 위해 의료계의 힘을 빌린 것이라고 비하한다. 또한 우유가 심장질환, 뇌졸중, 유방암, 난소암, 당뇨, 알레르기, 복통, 설사, 심지어 골절까지도 유발한다고 비난한다.

우유 내 유당이 체내에 쌓이며 설사를 자주 유발한다고도 하며, 소화관 내 장내세균이 유당 발효과정에 가스를 만들어 복통을 일으킨다는 주장도 있다. 이런 부정적인 이야기에 겁을 먹어 우유 섭취를 포기한 소비자들이 꽤 많다고 한다.

이 세상에 존재하는 모든 음식은 좋은 면, 나쁜 면 모두를 갖고 있다. 고기, 우유도 그렇다. 지나치게 많이 섭취하면 설사, 골다공증 등의 부작용을 유발할 수도 있지만 적당량 마신다면 칼슘과 생리활성물질, 면역촉진 효과 등을 얻을 수 있다. 즉, 우유 자체의 선(善)과 악(惡)을 따지는 것은 무의미한 일이며, '합리적인 섭취 습관'만이 옳고 그름의 열쇠가 될 수 있다.

## 재미있는 식품 사건 사고

1995년 한 신생업체가 '우리는 고름우유를 팔지 않습니다'라는 광고 문구를 사용하면서 유방염을 앓는 젖소 우유를 기존 축산업체가 판매한다고 고발하면서 소비자들이 큰 충격을 받은 사건이 있었습니다. 결국 '고름논쟁'으로 당시 보건복지부가 시중 우유제품 전체를 수거하여 검사한 결과 5개사 제품에서 미량의 항균제가 검출되어 항생물질에 대한 허용기준치를 설정하게 되었습니다.

이후 유가공협회와 광고를 시작한 업체 간의 상호비방 합의로 논란은 끝났지만 이로 인해 우유에 대한 불신이 커져 신뢰를 회복하는 데 많은 시간이 걸렸습니다.

이 밖에도 1996년도에는 분유와 우유에서 발암물질인 DOP(Dioctyl pthalate, 디옥틸프탈레이트)와 DBP(Dibuthyl pthalate, 디부틸프탈레이트)가 검출되기도 했으나, 위해를 끼칠 만한 정도가 아닌 것으로 판명되기도 했습니다.

# 15) 계란

　우리나라 1인 당 연간 축산물 소비량은 지속적으로 증가 추세에 있는데, 닭과 계란 등 양계산업은 총 농업생산액의 약 10%를 차지하고 있다. 이는 한육우와 비슷한 수준으로 쌀, 돼지고기에 이어 높은 생산액이다. 계란은 3조원 시장으로 우리 국민 한 사람이 연간 254개(2014년)를 먹고 있는데, 축산물 중 돼지, 한육우, 육계, 우유에 이어 꾸준히 증가하는 산업군이다. 이는 대기업의 계란시장 진출, 계란 가공시장의 확대, 외식산업과 패스트푸드산업의 성장 등이 원인이라 생각된다.

계란(鷄卵)은 닭이 낳은 알을 말하는데, 겉은 단단한 난각에 싸여 있고, 내부에는 2중의 속껍질이 있다. 계란은 난각 11%, 흰자위 55~58%, 노른자위 31%로 구성되어 있다. 껍질은 약 0.3mm 두께의 다공질이며, 탄산칼슘이 주성분이다.

껍질의 두께는 사료 중 칼슘과 비타민 D 함량에 영향을 받는데, 껍질의 색은 맛, 성분과는 무관하다. 식용계란의 색은 백색과 갈색이 있는데, 1970년 이전까지만 해도 국내시장은 백색계란이 80~90%를 차지했었으나, 1980년대 중반부터 유통, 경제성, 기호도 등의 이유로 갈색계란이 주류가 돼 99%를 차지한다.

산란계는 산란 초기(18~40주령)에 소란을 생산하다가 산란 중기(40~60주령)에 접어들면서 대란, 특란을 생산하며, 노령(60주령)으로 접어들면서 왕란을 생산한다. 계란은 중량별로 왕란(68g 이상), 특란(60~68g), 대란(52~60g), 중란(44~52g), 소란(44g 미만)으로 구별되는데, 특란과 대란이 80% 이상 생산된다.

계란은 영양을 고루 갖춘 완전식품으로 알려져 있는데, 특히 단백질의 아미노산 조성이 영양학적으로 가장 이상적이라고 한다. 흰자는 단백질이 주성분이고, 노른자는 지방과 단백질로 구성돼 비타민 A, D, E, $B_2$와 철분이 많이 들어 있다. 계란은 인체가 필요로 하는 영양소를 대부분 갖고 있는 반면, 열량은 72kcal로 낮은 것이 특징이다.

게다가 단백질의 질을 평가하는 기준인 생물가, 즉 소화흡수율이 93.7%로 우유 84.5%, 어류 76%, 쇠고기 74.3% 등 다른 동물성식품에 비해 높다. 또한, 계란 노른자의 콜린성분은 태아의 뇌 발달과 치매 환자의 기억력 개선에 도움을 주고 루테인과 제아잔틴은 시력 보호효과가 있다고 알려져 있다.

그러나 최근에는 계란 노른자의 콜레스테롤이 성인병의 원인이라는 안전성 이슈의 중심에 서 있다. 그러나 계란 1개의 콜레스테롤 함량은 213mg 정도로 일일섭취권장량인 300mg보다는 낮아 하루 한 개정도 먹는 것은 전혀 문제가 없다. 그러나 무기질 중 인이 칼슘보다 많이 들어 있어 산성식품이고 비타민 C가 없다는 것이 영양상 약점이라하겠다.

계란은 고단백 자연식품이라 미생물학적 위해인자에 특히 많이 노출돼 있는데, 고병원성 AI(조류인플루엔자) 발병, 불량계란 사건, 곰팡이핀 썩은 계란 유통, 계란 가공품의 유통기한 위·변조 등 자주 사고를일으키고 있다.

계란 관련 위해인자는 미세척계란 표면 및 계란 내부에 존재하며 냉장저장 중에도 성장하는 미생물학적 위해인자가 있고, 세척소독제로첨가되는 차아염소산나트륨, 수산화나트륨, 규산나트륨, 세척수 잔존철 등 화학적 위해인자가 있으며, 분뇨, 털, 먼지, 깨진 껍질 등의 물리적 위해인자가 있다. 게다가 계란은 우리나라 식품위생법상 알레르기주의표시를 반드시 해야 할 정도로 알레르기 환자에게는 위험한 식품이다.

한편, 계란은 생식품이라 쉽게 부패되고 살모넬라 등 안전성 문제가늘 도사리고 있어 위험한 식품으로 여겨지고 있다. 소비자원의 분석 결과, 계란 관련 소비자 불만 또한 계속 늘어나는 추세라 한다. 그 불만사항을 살펴보면, 1위가 '상온 보관·판매 시 신선도 및 부패변질 우려', 2위는 '잔류 항생물질', 3위는 '계란의 품질등급과 유통기한', 4위는 '영양성분 강화 계란의 신뢰성 확보'였다.

한 국회의원이 공개한 정부의 '계란유통 문제점과 대책보고서'에 따르면 생산과정에서 껍데기에 실금이 갔지만 육안으로 선별이 불가능한 계란 중 30% 가량인 7억 7천만 개가 시중에 그대로 유통·판매됐다고 한다. 게다가 청와대가 개입해 식약처의 안전관리보다 생산자와 유통업자들의 이익을 우선시 해 국민의 건강을 내팽개쳤다고 한다.

한편 조류인플루엔자(AI)가 창궐해 국내 산란계의 약 1/3인, 2천 4백만 마리가 살처분 되는 바람에 '계란 부족'현상이 발생했다. 계란 공급량이 30% 이상 감소하는 바람에 가격이 폭등해 미국산 계란까지 수입하는 마당에 '불량계란' 유통문제까지 터져 안 그래도 어수선한 시국에 '계란광풍'이 불고 있다고 해도 과언이 아니다.

이번 '계란광풍'은 한창 성장하던 계란과 난가공식품 시장에 찬물을 끼얹은 불행한 일이다. 물론 계란은 노른자의 높은 콜레스테롤 함량 때문에 건강의 적으로 오해와 누명도 쓰고 있지만, 고단백이고 흰자와 노른자의 독특한 맛 덕택에 가성비 높은 식재료로 꾸준한 소비자의 사랑을 받아온 국민 식품이다.

AI가 터진 다음날인 2016년 11월 17일 5,340원 하던 계란(특란 10개, 소비자가격)은 두 달 만에 가격이 두 배 뛰었다고 한다. 우리나라 계란 관련 시장이 1조 4천억 원을 넘어섰고, 지속적으로 성장하는 상황이라 더욱 아쉬운 대목이다.

UN식량농업기구(FAO)와 세계보건기구(WHO) 발표에 따르면 유럽에서 발생하는 전체 식중독의 77.1%가 살모넬라균에 의한 것이라 하고, 우리나라 식중독사고 역학조사(2008~2012년) 결과, 살모넬라 식중독을 가장 많이 일으킨 식품은 계란이라 한다. 물론 계란 자체의 섭취만 해당되는 것이 아니라 김밥, 샐러드, 미트볼에 들어 있는 계란도 포함된 것이다.

정부가 이러한 소비자의 니즈를 파악해 안전한 계란의 생산, 유통에 최선의 노력을 기울여도 모자란 마당에 불량계란이 시중에 유통, 판매되는 걸 알고도 그대로 방치했다고 하니 답답하기만 하다. 식약처가 이를 파악하고 유통구조를 개선하는 것을 지원은 못 해 줄망정 청와대가 개입해 생산자와 유통업자들의 반발을 우려해 국민의 건강을 내팽개친 것이라고 한다.

국민의 생명과 안전은 그 어떤 이익보다도 우선시 되어야 하는 가장 귀중한 가치인데, 우리나라의 식품안전관리는 생산자와 특권층, 생계형 등을 예외로 해 줘 힘없고, 말 없는 서민들과 소비자는 뒷전이 돼 안전관리에 구멍이 숭숭 뚫리고 있는 것이라 생각한다.

수입식품의 경우도 정상적인 통관 제품은 검역·검사를 철저히 하고 있고, 그 어느 나라보다도 정밀검사 비율도 높아 촘촘한 안전관리를 하고 있지만, 생계형 보따리상, 해외직구 등 아직도 많은 예외와 허점이 있다고 생각된다.

식약처에서 추진하려 했던 '계란의 유통구조 개선방안'은 우리나라에서 2년 주기로 큰 문제를 일으키고 있는 AI대란의 예방을 위해서도 반드시 필요하다고 생각한다. 영세한 계란 수집상들이 낙후된 차량과 오염된 플라스틱 용기를 지닌 채 여러 농장을 드나드는 방식이 AI 전파 원인 중 하나로 지목됐기 때문이다.

이렇듯 몸에 좋다는 계란도 안전성 논란에서는 예외가 아니다. 몸에 좋을 수도 있고 나쁠 수도 있는 양면을 모두 갖고 있기 때문이다. 개인적 체질과 기호도에 따라 적정량 섭취하는 습관만이 소비자 자신의 건강을 보호하고 계란의 맛과 영양을 즐기는 비결이다.

작년 말부터 올해 초까지 이어지고 있는 고병원성 AI는 현재 우리나라 전역에서 역대 최악의 피해를 입히고 있다. 특히 이번 AI는 전염성이 강해 지금까지 3,000만 마리가 넘는 가금류가 살처분됐고, 그 피해액도 역대 최고 기록을 경신해 1조 5000억 원이 넘을 걸로 추측한다.

AI대란 중에도 시중에 유통되는 닭고기나 오리고기, 계란은 검사를 거친 건강한 것들이라 안전하다. 게다가 AI 바이러스는 열에 약해 75℃ 이상에서 가열되면 사멸하고 전 세계적으로 닭고기나 계란을 먹고 AI에 감염된 사례는 없으니 안심하고 먹어도 좋다.

소비자가 알아야 할 계란의 올바른 취급방법은 "깨끗하고 깨지지 않은 신선한 계란 구입", "구입 후 바로 냉장보관", "노른자와 흰자위 부위가 단단하게 굳을 때까지 조리", "생란이나 계란요리는 실온방치 금지", "요리 후 2시간 이내 섭취", "깨지거나 금 간 날계란 섭취 금지", "계란과 접촉한 손과 주방기구의 철저한 세척" 등 간단하니 꼭 기억하고 실천하자!

대한민국의 거의 모든 달걀이 폐기되었을 정도로 무시무시한 사건이 발생했습니다. 2017년 여름, 유럽에서 시작됐던 '살충제 달걀' 사건은 남의 나라이야기라고 생각했지만 결국 희망사항이었습니다. 국내에서 시판되는 달걀에 대해서 전수검사가 시행되었고, 약 4% 정도의 부적합이 나오면서 혼란은 커져만 갔습니다.

게다가 부적합을 받은 달걀이 정부에서 '친환경 인증'이나 '식품안전관리인증(HACCP)'을 받은 농장에서 출하된 것들이라 국민들의 분노와 정부에 대한 불신은 더욱 커질 수밖에 없었습니다.

이 사건으로 인해 온 국민이 달걀에 새겨진 코드(난각코드)의 의미를 알게 되었고, 특정 지역에서 출하된 달걀을 구매해서는 안 된다는 얘기가 SNS(Social Network Service)를 통해 퍼지기도 했습니다. 이 사건은 농장 관리를 전담하는 농림축산식품부의 관리 소홀, 사용가능 농약에 대한 기준 설정 미흡 및 교육 부족 등으로 발생했습니다.

또한 식품안전 총괄기관인 식품의약품안전처 역시 사건 발생이후 대응 부족과 농림축산식품부와의 엇박자로 국민들에게 다시 한번 빈축을 사며 신뢰를 잃었는데, 결국 관리시스템 부족이나 공무원의 무사 안일한 태도가 이런 사건의 재발 방지를 위해서 가장 개선해야 할 요소일 것입니다.

# 16) 슈퍼푸드

그간 '슈퍼푸드'로 알려지면서 인기를 끌던 아마시드에 '과다섭취 주의령'이 내려졌다. 다른 곡물보다 중금속인 카드뮴(Cd)이 더 많이 들어 있어 건강상 안전문제가 우려된다는 것이다. 게다가 영양성분도 일반 곡물보다 그다지 우월하지도 않다고 하니 슈퍼 곡물에 대한 환상도 이제 사라질 위기다.

이 뉴스가 소비자들에게는 충격적이었을지 모르나 전문가라면 누구나 다 알고 있던 상식 수준의 사실이다. 다른 음식보다 특정 영양소를 약간이라도 더 많이 함유한다고 해 슈퍼푸드라고 불리는데, 이는 이익을 보려는 사람들이 만들어 낸 허상이다. 모든 영양소를 단번에 완벽하게 공급하는 음식은 없다. 식이보충제 역시 의료 목적으로 반드시 필요한 사람들도 있겠지만, 대부분 정상인은 현대의 식습관과 영양 상태를 볼 때 필요치 않다.

수입업자들은 아마시드와 같은 수입 곡물이 일반 토종 곡물보다 영양이 더 풍부한 슈퍼푸드라 광고하고 있지만, 실제 한국소비자원의 분석 결과 주요 영양성분 함량 차이는 그리 크지 않다고 한다. 국산 서리태 검은콩과 수입 렌틸콩의 건조중량 100g당 단백질 함량은 각각 24g, 27g, 식이섬유는 17g, 12g으로 대단히 큰 차이가 아니며, 아마시드의 오메가지방산 함량 역시 25g으로 22g인 국산 들깨보다 많긴 하지만 역시 작은 차이다.

게다가 아마시드에는 청색증을 유발할 수 있는 '시안배당체'가 들어 있어 우리 「식품위생법」에서는 아마시드의 섭취량을 1회 4g, 1일 16g 미만으로 규정하고 있을 정도로 주의가 필요하다. 물론 시안배당체는 그 자체가 유해하지는 않지만, 섭취 시 체내에서 효소작용으로 분해되면 '시안화수소($HCN$)'를 생성해 작은 혈관에 환원혈색소가 증가하거나 산소포화도가 떨어져 온몸이 파랗게 변하는 '청색증'을 유발할 수 있다.

또한 소비자원의 8종 422개 곡물 분석 결과에 따르면 아마시드에는 카드뮴이 다른 곡물보다 높은 농도(0.246~0.560mg/kg)로 검출된다고 한다. 카드뮴에 반복적으로 장기간 노출되면 폐가 손상되거나 이타이이타이병 증상 등이 나타날 수 있어 주의해야 한다.

사실 아마시드뿐만 아니라 인류의 주식이며, 곡류 중 가장 안전하다고 하는 '쌀'과 '밀'에도 흠은 있다. 쌀은 우리나라와 동양에서만큼은 맛과 영양, 건강 등 모든 면에서 가장 완벽한 탄수화물원이라 여겨지고 있으나 미국의 컨슈머리포트는 쌀의 무기비소(As) 위험성을 자주 언급한다.

그래서 "어린이에게는 쌀로 만든 시리얼과 파스타를 한 달에 두 번 이상 먹이지 말 것과 공복에 쌀로 만든 시리얼을 먹이지 말라"는 제한적 섭취 권고지침을 제시하고 있다. 또한 인류가 1만 년 동안 검증해 온 밀도 균형된 영양원이긴 하지만 글루텐이 장내 염증이나 알레르기를 일으킨다는 부정적인 보고도 있다.

모든 음식은 선과 악의 양면성이 있어 '나쁜 음식'과 '좋은 음식'으로 나눌 수가 없다. 적게 먹어도 영양부족으로 위험하고, 많이 먹어도 독(毒)이 된다. 그래서 앞에서 언급한 슈퍼푸드의 경우도 작게나마 있는 효능이나 독성 문제를 침소봉대한 것이기 때문에 없는 말을 지어낸 게 아니라 비난하기에도 애매한 측면이 있다.

이번 '아마시드 사건'을 계기로 슈퍼푸드에 대한 허황한 통념을 다시 정리했으면 한다.

**재미있는 식품 사건 사고**

최근 쇼닥터들이 자주 출연하는 TV에서 슈퍼푸드에 대한 내용이 나오면서 해당 식품을 찾는 소비자들이 증가하고 있습니다. 그러나 「식품위생법」에서는 '슈퍼푸드'라는 용어 자체를 사용할 경우 소비자에게 오인·혼동을 주는 과대광고로 처벌할 수 있도록 규정하고 있으며, 실제로 이런 용어를 사용하면 바로 행정처분을 하거나 형사 고발조치가 취해집니다.

이미 다수의 식품 판매업체들이 슈퍼푸드라는 용어를 사용했다가 처벌을 받은 적이 있으며, 단순히 TV 방송내용을 링크하거나 홈페이지에 게재하면서 제품을 슈퍼푸드로 소개하면서 판매하는 행위도 모두 「식품위생법」 위반으로 처벌받기 때문에 소비자들은 이런 광고를 믿고 구매해서는 안 될 것입니다.

# 17) 유기농 식품

미국은 '유기농'이 일반식품 대비 그리 비싸지 않다. 우리나라 소비자들은 '유기농=고품질', '유기농=안전'이라는 맹신을 갖고 있다. 그래서 비싼 값을 기꺼이 치르고 있는데, 사실은 그렇지 않다. 유기농은 일반제품에 비해 제품 자체의 영양소 함량이 높거나 품질과 안전성이 우수한 식품을 만드는 것이 아니라 환경 친화적인 생산과정을 통해 지구생태계와 환경을 보호하는 생산기법이다. 즉, output(산물)이 아니라 input(투입) 개념이다.

세계 유기농 면적은 최근 10년간 3배 이상 증가했고, 유기식품 시장규모도 전 세계적으로 연평균 20% 이상 꾸준히 성장하는 추세라고 한다. 우리나라도 후발주자임에도 불구하고 매년 30% 성장세를 보인다고 하는데, 그 성장 배경을 살펴보면, 뒷맛이 씁쓸하다.

정부와 유기농으로 이익을 보는 사람들이 유기농을 품질이 우수하고 안전한 제품으로 둔갑시켜 소비자들을 현혹시켰기 때문에 일반제품보다 몇 배나 비싼데도 불구하고, '유기농! 유기농!' 하는 것이라 생각한다. 즉, 최근 식품안전에 대한 소비자들의 불안감과 웰빙 욕구를 이용한 얌체 마케팅으로 유기농시장이 급성장하고 있다고 생각된다.

그리고 소비자들은 '친환경(親環境)'과 '유기농(有機農, organic)'제품을 헷갈려 하고 있다. 정확한 개념을 알아보면, "유기농산물이란 최소 2~3년 동안 화학비료, 유기합성농약(농약, 생장조절제, 제초제), 가축사료첨가제 등 합성화학물질을 전혀 사용하지 않고 유기물과 자연광석, 미생물 등과 같은 자연 재료만을 사용하는 농법"을 말한다.

'친환경농산물'은 유기농과 무농약농산물을 합친 개념인데, 예전엔 저농약까지 포함됐었다. 공신력을 가진 사전에서조차 정의가 잘못된 경우가 있어 소비자들이 오해할 수밖에 없는 구조다.

두산백과에 언급된 '친환경농산물'의 정의를 살펴보면, "환경을 보전하고 소비자에게 안전한 농산물을 공급하기 위하여 농약과 화학비료 및 사료첨가제 등 합성 화학물질을 사용하지 않거나, 최소량만 사용하여 생산한 농산물을 말한다"로 잘 요약돼 있으나,

보충설명에 "친환경농산물은 재배할 때 몸에 유해한 물질을 사용하지 않기 때문에 안심하고 먹을 수 있다. 또 맛과 향이 좋고, 영양가 함량이 높으며, 인공첨가물을 넣지 않아 신선도가 오래 지속된다"는 과학적

근거가 없는 말이 버젓이 포함돼 있다.

　얼마 전 소비자시민모임에서 실시한 시중 유통 중인 '유기농'과 '일반' 우유제품의 영양소와 유용성분 분석 결과, 차이가 없었다고 한다. 그러나 유기농은 화학비료, 화학농약, 화학적 첨가물 등을 사용하지 않기 때문에 화학적 안전측면에서는 장점이 있다고 볼 수 있으나, 생물학적 안전측면에서는 오히려 취약하다.

　유기농산물은 재배 시 농약과 화학비료를 사용하지 않아 작물의 성장이 느리고 병충해 발생 등으로 생산성이 떨어져 당연히 고비용이 된다. 또한 유기농 환경관리 비용, 축산물의 경우 사료 비용 등이 추가돼 가격이 비싸지는 건 당연하다. 즉, 유기농제품의 높은 가격은 제품의 품질이나 안전 보증 때문이 아니라 자손들에게 물려줄 지구생태계와 환경 보존을 위한 고비용 환경친화적 유기농법 때문이다.

　"유기농은 안전하다"고 생각하는 소비자들의 지나친 맹신이 소비 시 부주의로 이어져 최근 잇따른 대형 식중독 사고의 원인이 되었다. 특히 소비자가 세척과 소독을 소홀히 하며, 부주의한 보관으로 오염된 미생물의 증식을 유발해 그 위험성을 키우는 경우가 많았다. 위해미생물에 오염된 유기농제품은 육안이나 감각적으로 차이가 없기 때문에 구매 시 판별해내기가 불가능하다. 차라리 유기농이 아닌 일반제품이었다면 세척을 철저히 하고 껍질과 상처 난 부위를 제거해 오히려 더 안전하게 섭취했을 것이다.

　최근 '친환경인증'의 부적합률이 4.6%에 이른다고 한다. 과학적 검사로서 알 수가 없는 유기농인증은 신뢰기반의 산업이라 허위, 부실인증 등 소비자의 의심을 받기 시작한다면 사상누각이 될 수도 있다. 그나마 농약, 항생제가 검사 가능 항목인데, 이마저도 사용했다 하더라도 휴약

기간을 거쳐 검출한계 이하 수준의 미량 검출 시에는 사용 여부에 대한 판단이 불가능한 맹점 또한 있다.

소비자시민모임(소시모)은 안전한 유기농제품 구입, 섭취요령으로 "공인된 인증마크 확인, 유기농전문매장이나 믿을 만한 생산·유통업체의 제품 구입, 유기농 과일·채소라도 꼭 세척해 섭취, 친환경 축산물은 반드시 냉장유통과 포장이 잘 관리된 제품 선택, 비싼 것이 좋다는 인식을 버리고 합리적인 가격의 제품을 선택할 것"을 권장하고 있다.

최종적으로 소비자 스스로가 유기농산물은 무조건 안전하고 좋은 것이라는 잘못된 인식을 바로 잡아야 한다. 유기농산물은 미래 환경에 대한 기부금이라는 생각으로 지구와 후손을 위해 구매해 줘야 한다.

## 재미있는 식품 사건 사고

유기농은 농약이 전혀 없는 농산물이 아닙니다. 실제로 농약은 콩나물 등 많은 농산물에서 검출되고 있으며, 오래전부터 위해성 때문에 큰 논란이 되어 왔습니다. 특히 수입과일에서 많이 발생했는데, 과거 자몽, 바나나, 밀 등에서 농약이 검출된 사건이 있었습니다.

1978년도에는 파라치온이라는 농약이 번데기를 담는 마대에 묻어 있다가 번데기로 번져서 오염된 번데기를 먹은 어린이 10명이 사망하는 사건이 발생하기도 했고, 1995년에는 콩나물을 재배해서 유통하는 영업자들이 빠른 수확을 위해서 카벤다짐이라는 농약을 사용했다가 적발되어 처벌되기도 했습니다.

농약은 현재 수백 가지 종류에 대해서 잔류기준이 마련되어 있으나, 지속적으로 개발되는 신제품에 대해서 피드백이 어려워 새로운 농약 사건이 언제든 발생할 수 있습니다.

# 18) 로컬푸드

우리나라에는 유독 음식과 관련된 괴담이나 잘못 알려진 이야기들이 많다. 그중 하나가 '신토불이(身土不二)' 사상에 대한 절대적인 믿음과 "로컬푸드(local food)는 좋고, 남의 것, 다른 나라 땅에서 온 수입품은 무조건 나쁘다"는 오해다.

식품(食品)의 가치는 '그 원재료가 어디서 왔느냐', '얼마나 많은 시간을 들여 재배, 경작, 사육했느냐'가 아니라 최종 제품의 질(質)로 결정된다. 물론 유기농처럼 고비용의 친환경 농법을 활용한 제품을 생산할 경우 가격은 높아진다. 그러나 '가치(價値)와 가격(價格)'은 다르다. 그리고 가격에 비례해서 해당 식품의 절대적 가치가 반드시 높아지는 것도 아니다. 식품의 가치는 영양적 또는 기능적 품질, 물성적 특징, 안전성 등을 종합적으로 평가해 결정된다.

그러나 신토불이는 해당 식재료가 어디서 왔느냐에 불과한데도 절대적 가치의 보증수표처럼 알려져 있고 우리 민족의 종교처럼 고귀한 '고품질·안전식품'의 대명사로 여겨지고 있다. 비록 우리 농산물이라 하더라도 농약을 더 많이 사용하고 비료를 덜 사용하고 나쁜 기후의 시기에 수확된 제품이라면 품질과 안전성 면에서 더 나쁠 수 있다.

신토불이란 "사람의 몸은 그 몸이 태어나고 자라는 땅과 뗄 수 없는 밀접한 관계를 맺고 있다는 것"을 뜻한다. 『동의보감』의 '약식동원론(藥食同源論)'에서 나온 말인데, 2000년대에 접어들어 우리나라에 수입 농산물이 범람하자 농협 등 농수산 관계기관에서 우리 농산물을 프리미엄화해 살아남기 위해 만든 마케팅 전략이자 캠페인 용어로 유행했다. '우리 몸에는 우리 농산물이 좋다'는 의미로 2000년대 초반부터 국산품 애용 차원에서 이 용어를 즐겨 쓰고 있다고 한다.

그 덕분에 전 세계적으로 전개되고 있는 '로컬푸드 애용운동'이 우리나라에서도 각광을 받고 있다. 그러나 이에 편승한 부작용도 만만찮다. 우리나라에서만 유독 있는 일인데, 저렴한 수입품을 국내산으로 둔갑시키면 많은 이익을 볼 수 있기 때문에 '원산지 허위표시'가 많이 발생하고 있다. 사실 로컬푸드는 짧은 이동거리로 탄소배출량을 줄이고 운송비용도 절감하기 때문에 '푸드마일리지' 차원에서 환경에 도움이 되고 신선해서 좋은 것이지, 꼭 우리 땅에서 났기 때문에 품질과 안전성이 확보돼 좋은 것은 아니다.

푸드마일리지는 농산물 등 식료품이 생산자의 손을 떠나 소비자의 식탁에 오르기까지의 이동거리(마일)를 말하는데, 쌀, 곡물, 과일, 고기 등 식재료가 얼마나 멀리서부터 이동해 온 것인가를 보여주는 지표다. 특히 식량자급률이 27%에 불과해 수입 비중이 73%인 우리나라 유통식품의 푸드마일리지는 높은 것이 당연하다. 푸드마일리지를 줄이는 가장 쉬운 방법은 바로 "최단거리에서 재배된 로컬푸드를 이용하는 것"이다.

신토불이는 마케팅 콘셉트이자 사상이지, 식품의 품질에 직접적으로 영향을 주는 요인은 아니다. 똑똑한 소비자라면, '스마트 소비자'라면 로컬푸드와 수입식품의 차이와 장단점에 대해 조금 더 정확히 알 필요가 있다.

## 재미있는 식품 사건 사고

로컬푸드의 반대 개념이 수입식품이고, 수입식품 중에서 가장 일반적인 것이 국내에서는 재배가 불가능한 바나나입니다. 바나나에 대한 소송이나 사건은 전 세계적으로 다수 있었는데, 그중 세계적인 다국적 과일회사인 돌과 니카라과 바나나 농장 노동자들의 소송을 통해 바나나 재배과정을 고발한 다큐멘터리 '바나나스(BANANAS)'가 유명합니다. 이로 인해 한때 해당 회사에서 재배한 바나나에 대한 불매운동이 활발히 진행되기도 했었습니다.

로컬푸드가 무조건 안전하다는 개념은 잘못된 것이지만, 불필요한 농약 등의 사용을 줄일 수 있는 수단임에는 틀림없습니다. 다만 로컬푸드에 대한 맹목적인 지지보다는 국내 현실을 감안해서 수입 농산물이나 식품에 대한 안전관리에 노력하면 될 것입니다.

# 19) 유전자재조합식품(GM Food)

작년 말 국회에서 통과된 「식품위생법」 개정안은 GMO(Genetically Modified Organism, 유전자재조합생물체)에 대해 소비자단체의 건의를 받아들여 식품과 건강기능식품 5순위 이상 모든 품목에 'GMO 표시'를 하게 했다. 그러나 산업계의 요구사항이었던 'GMO 단백질이 남아 있지 않아 표시가 불필요한 식용유, 간장 등에는 GMO 표시를 하지 않도록 하는 방안'도 반영됐다. 이는 소비자의 요구와 산업계의 현실을 절충한 현 시점에서 최적의 정책적 판단을 한 것이라 생각된다.

현재 우리나라의 GMO에 대한 '과학적 판단'은 '안전하다'이고, 소비자의 '사회적 판단'은 "아직 안전성이 입증되지 않아 위험할 수 있다"이다. 결국 우리나라를 포함한 57개국은 정부에서 안전하다고 인정하고 법적으로 그 사용을 허용하고 있으나, 소비자의 '안심' 여부는 아직 무르익지 않은 상태다.

　여전히 소비자시민모임 등 주요 소비자단체에서는 국회의 식품위생법 개정안과 관련해 GMO 표시제 강화는 환영하지만 GMO DNA와 단백질 잔존 여부에 따라 표시토록 하는 내용을 바로잡지 않으면 제도의 실효성이 떨어져 소비자의 알 권리를 보장할 수 없다고 맞서고 있다.

　시중 대부분의 식용유와 전분당이 거의 GMO 원료를 사용하면서도 표시하지 않아도 돼 소비자단체는 정부가 식품기업을 봐주고 있다고 주장하는 것이다. 그러나 모든 성분이 GMO라면 반드시 표시해야 하는데, '식품 등의 표시기준'이 이미 2005년 개정돼 GMO에만 예외를 인정해 줬을 뿐 GMO를 제외한 다른 가공식품 등의 표시에는 이미 시행하고 있어 결국 혜택을 없앤 것이지 실제 개선되지 않은 것이라고 한다.

　'GMO(Genetically Modified Organism)'는 유전자재조합생물체인데, 생물의 유용한 유전자를 골라 다른 생물체의 유전자와 결합시키는 '유전자재조합기술(Recombinant DNA Technique)'을 활용해 재배·육성된 농·수·축산물을 말한다. GM식물, GM동물, GM미생물로 분류되는데, 현재 개발된 GMO의 대부분이 식물이라 GMO라고 하면 통상적으로 GM식물 즉, 농산물을 말한다.

세계 인구의 증가에도 불구하고 곡물을 생산할 수 있는 땅의 면적은 한정되어 식량부족 문제가 지속되고 있다. 인류는 GMO를 생산함으로써 한정된 경작지에 더 많은 양의 작물을 생산해 식량 부족문제를 해결하고자 했다. 실제로 지금도 아프리카뿐 아니라 북한을 포함 아시아, 중남미, 심지어 몰도바 같은 유럽 국가도 식량 부족에 시달리고 있다고 한다. 유엔 식량농업기구(FAO)는 현재 37개국이 긴급 식량구조가 필요한 상태라고 밝혔다.

세계적으로 곡물 수확량의 절반이 경작이나 저장 과정에서 해충의 공격이나 감염 등으로 사라지고 있다. GMO의 가장 많은 부분을 차지하는 것이 해충, 잡초, 바이러스 감염 등에 대한 저항성이 향상된 작물이다. 이로 인해 제초제, 살충제 살포 횟수가 줄어들어 농가의 인건비와 노동력 절감 및 생물보호 효과를 기대할 수 있다.

현재까지 개발된 GMO는 19개 작물 90여 품종이다. 1996년부터 미국을 중심으로 재배되기 시작해 2010년에는 전 세계 재배 면적이 1억 4,800만ha에 이를 정도로 급증하고 있다. 작물별로는 콩(50%), 옥수수(31%), 면화(14%), 캐놀라(유채)(5%) 등 4개 작물이 대부분을 차지하고 있다. 국가별로는 미국(45%), 브라질(17%), 아르헨티나(15%), 인도(6%), 캐나다(6%), 중국(2%) 순으로 주요 6개국이 전 세계 생산량의 90% 이상을 차지하고 있다.

미국과 아르헨티나에서는 콩, 옥수수, 면화를, 캐나다는 캐놀라(유채), 중국은 면화, 브라질과 파라과이는 콩을 주로 경작하고 있다. 현재 국내에서는 6개 농산물(콩, 옥수수, 면화, 유채, 사탕무, 알팔파)이 안전성 심사를 거쳐 승인돼 있다. 현재 GMO를 재배하는 국가는 29개국이며, 우리나라처럼 재배하지 않고 수입만 하는 나라는 32개국이다.

GMO의 최대 개발국, 생산국, 수출국인 미국은 GM 의무표시제를 도입하지 않았다. 당연히 '비의도적 혼입 허용치'도 없다. 우리나라는 농산물품질관리법 시행령에 따라 농식품부장관이 정하는데, 일본은 5%이고, 한국은 EU와 일본의 중간인 3%를 사용한다.

우리나라에서는 GM콩, GM옥수수 등을 원료로 만든 식품의 경우, '유전자재조합식품'이라는 표시를 제품의 용기나 포장에 표시해야 한다. 또한 GMO를 사용해 만든 식품 중 새로이 삽입된 유전자(다른 생물체로부터 온 유전자)가 남아있는 경우에는 '유전자재조합'이라는 표시를 해야 한다.

우리 국민의 GMO에 대한 나쁜 인식을 심어준 것은 결국 Non-GMO를 팔고 있는 EU의 정보를 맹목적으로 받아들여 국내 농업을 보호하기 위한 농어촌 기반의 국회의원, 농민단체, 농식품부, 동조한 시민단체와 소비자단체, 이를 여과 없이 받아들이고 보도했던 방송과 언론이었다고 생각한다.

현재까지 알려진 과학적 지식과 과학자의 양심으로 안전성에 문제가 없는 것만 국내에서 허용돼 시판되고 있지만, 이익단체의 이해관계와 맹목적 믿음으로 지금의 안전성 논란에 이르고 있다는 생각에 아쉬움이 남는다.

2015년 한 시민단체가 식약처를 상대로 소비자의 알 권리를 위해서 GMO 농산물 수입업체에 대한 정보 일체를 공개하라는 소송을 진행했는데, 법원에서는 일부 개인정보를 제외한 나머지 부분인 수입현황, 수입신고자 등을 공개하라고 판결했습니다.

현재는 'GMO 완전표시제'에 대한 논란이 가중되고 있는데, 식약처에서는 현실적인 문제로 고민하고 있으며 업계에서는 원료비용 상승으로 인한 이익감소를 우려하고 있는 실정입니다.

일부 전문가들은 개별 국가들이 정치적 논리에 따라 GMO 표시정책을 시행하고 있는데, 수입식품 의존도가 높은 국내 실정을 고려하면 무조건 완전표시제를 따라야 하는지 의문이라는 주장을 하고 있습니다. 하지만 궁극적으로 소비자의 의중이 가장 중요하다고 생각됩니다.

# 20) 유전자가위편집기술과 GM식품

'GMO(유전자재조합작물)' 식품 논란으로 온 나라가 시끄럽다. 그동안 상위 5순위까지의 원재료에만 'GMO 표시'하던 것을 모든 성분을 다 표시해야 하는 「식품위생법」 개정안이 이번 2월 4일부터 시행됐다. 그러나 이전까지의 '먹지 말자'는 안전성 논란이 아니라 '알고 먹자'는 표시 이슈라 어느 정도는 사회적 이해가 확산돼 가는 추세라 생각된다.

GMO는 우리나라를 포함한 전 세계 57개국이 법적으로 허용해 먹고 있다. 인류는 GMO를 통해 한정된 땅에 더 많은 작물을 생산해 식량부족 문제를 해결하고자 했다. 세계적으로 곡물 수확량의 절반이 경작이나 저장 과정에서 해충의 공격이나 감염으로 사라지고 있어 해충, 잡초, 바이러스 감염에 대한 저항성을 향상시킨 GMO를 개발해 온 것이다.

우리나라는 '콩, 옥수수, 면화, 유채, 사탕무, 알팔파' 등 6개 농산물만을 GMO로 허용하고 있는데, 식용 또는 가축사료용으로 가장 많이 사용되는 '콩과 옥수수'가 지금의 주된 논란거리다.

최근 국내 생명공학기업 툴젠이 해외공동연구로 '곰팡이병에 강한 포도와 사과' 품종을 개발했다고 한다. 곰팡이 병균의 침입 통로를 열어주는 유전자를 찾아 그 유전자를 제거하거나 기능을 없애 병에 걸리지 않는 작물을 만든 것이다. 또한 근육을 늘린 돼지, 상추나 벼의 품종 개발도 이어지고 있다.

미국, 중국 등에서는 국가가 적극적으로 나서 유전공학기술을 활용한 식량자원을 개발하고 있다. 뿔이 없는 소나 근육이 많은 개, 털이 풍성한 양 같은 동물을 만들고 있는데, 모두 GMO가 아닌 '유전자가위편집기술'로 만들어진 것이라 한다.

최근 이 유전자가위기술로 만들어진 작물이 과연 GMO와 같은 것인지 다른 것인지 논란거리다. 이 유전자가위기술은 작물 고유의 유전자(gene) 일부를 약간 편집하는 수준이라 GMO와 차별화해 안전성 논란을 잠재우고 싶은 개발자 그룹이 있고, 이 기술은 결국 유전자를 조작하는 기술이라 GMO와 같은 것이고 당연히 안전성이 입증되지 않았다는 반대 측 논리가 첨예한 대립을 하고 있다.

이 두 가지 기술은 모두 유전자를 만진다는 면에서는 같은 기술인데, GMO는 유전자를 삽입하는 '더하기'고, 유전자가위기술은 유전자를 빼는 '빼기'라는 차이가 있다. 즉, 더하기냐 빼기냐의 차이인데, 지금 사회적 관심은 유전자가위작물이 GMO와 같은 극심한 찬반 논란의 길을 걸을 것인지, 아니면 안전한 작물로 바로 인정받을 것인지에 쏠려 있다. 특히 식탁에 오를 특정 유전자가 빠진 식용작물들이 가장 민감한 관심사다.

일단은 2016년 4월 미(美) 농무부(USDA)가 유전자가위기술로 만든 '변색예방 버섯'에 대해 GMO 규제 대상이 아니라는 결정을 내려 주목을 받고 있는 상황이다. 그러나 유전자가위작물의 '안전성'은 인정한 반면, '유기농'이란 프리미엄으로는 인정하지 않는다는 입장이다. 정부의 입장은 이렇지만 시장과 소비자의 반응은 여전히 냉담해 유전자가위작물이 안전하게 시장에 받아들여지기까지는 오랜 시간이 필요할 것 같다.

과학계는 큰 문제가 없이 받아들여질 것이라는 태도를 견지하고 있으나 GMO 반대 여론이 높은 우리나라 소비자나 농민·환경단체, 그리고 반(反)-GMO 기조의 유럽지역 분위기는 전혀 그렇지가 않다. 앞으로 '유전자가위기술'과 'GMO'식품의 안전성과 차별성이 논란거리가 될 것 같은데, 시간은 좀 걸리겠지만 현실적으로 두 가지 모두 소비자가 알고 사 먹도록 반드시 표시한다는 조건으로 수용될 것으로 생각된다.

GMO 관련 기술을 포함해서 과학적으로 새로운 기술의 발전은 식품 분야에도 큰 영향을 끼치고 있습니다. 가짜 백수오 사건에서도 PCR(Polymerase Chain Reaction)이라는 유전자증폭기술을 사용해서 원료 진위판별이 가능했습니다.

PCR은 DNA의 이중나선을 연속적으로 분리시켜 생긴 단일가닥을 새로운 이중나선을 만드는 원본으로 사용하기 위해서 열에 안정한 DNA 중합효소로 가열 및 냉각을 반복하는 기술로 이미 식약처에서는 가짜 고춧가루사건, 가짜 낙지사건 등을 해결하는데 큰 공을 세웠다고 합니다.

앞으로도 가짜 식품을 근절하기 위해서 새로운 기술이 계속해서 개발될 것으로 신기술에 대해서 무조건 거부감을 가지기보다는 어떻게 활용할 것인지에 중점을 두고 노력하는 것이 중요하다고 생각됩니다.